狗狗学问大

［英］
德斯蒙德·莫里斯
Desmond Morris
著

黄建仁 译

DOG
WATCHING

北京联合出版公司
Beijing United Publishing Co.,Ltd.

狗狗资料卡

[狗狗第一天到我家时的照片]

姓名 _____

犬种 _____

体重 _____

生日 _____

星座 _____

性别 _____

最喜欢的食物 _____

最喜欢的玩具 _____

目 录

引　言　4

狗的简史　9

1　狗为什么要吠？　1
2　狗为什么嗥叫？　5
3　狗为什么摇尾巴？　8
4　狗为什么老是在喘气？　12
5　狗撒尿时为什么要抬起腿？　15
6　狗在排便后为什么要抓扒地面？　19
7　狗会表现出自责吗？　21
8　狗如何邀伴一起玩耍？　24
9　为什么公狗喜欢人家搔抓它的胸部？　28

10 顺从的狗会有哪些行为？ 31

11 斗败的狗会露出喉咙向攻击者投降吗？ 34

12 为什么受惊吓的狗会将尾巴夹在两条后腿之间？ 37

13 "地位最高的狗"会有哪些行为？ 40

14 狗为什么要埋骨头？ 44

15 狗多久吃一餐？ 47

16 为什么牧羊犬擅长赶羊？ 49

17 为什么指示犬会指出猎物所在？ 53

18 狗为什么要吃草？ 56

19 狗的视力有多好？ 58

20 狗的听力有多好？ 61

21 狗的鼻子有多灵敏？ 63

22 为什么狗有时会在肮脏的地方打滚？ 66

23 为什么狗有时会用屁股摩擦地面？ 69

24 母狗如何对待新生幼犬？ 72

25 幼犬长大的速度多快？ 74

26 幼犬如何断奶？ 77

27 幼犬为什么要咬拖鞋？ 81

28 为什么公狗在求爱时总是遭受挫折？ 84

29 为什么在交配过程中，公狗和母狗会"连"在一起？ 88

30 为什么有些狗喜欢抱大腿？ 91

31 为什么狗喜欢睡饲主的床？ 95

32　为什么有些狗难以控制？　97

33　为什么狗会长出垂爪？　100

34　为什么有些狗会追逐自己的尾巴？　103

35　为什么有些品种的狗体型那么小？　105

36　为什么有些品种的狗腿那么短？　108

37　为什么有那么多品种的狗耳朵是下垂的？　110

38　为什么有些品种的狗尾巴是截断的？　113

39　为什么狗特别讨厌某些陌生人？　116

40　狗有第六感吗？　119

41　为什么传说如果狗嗥叫，就会有人死？　122

42　为什么我们用"狗毛"治疗宿醉？　124

43　为什么面包夹腊肠会被称为"热狗"？　125

44　为什么大热天会称被为"狗日子"？　127

鸣　谢　137

出版后记　139

引 言

在整个人类历史中，只有两种动物在我们的家里享有自由：猫和狗。以前的人常常出于安全考虑而将农场动物带回家中过夜，但通常都是用围栏圈住或用绳子拴住。后来，人类家中开始出现各式各样的宠物，包括养在缸中的鱼、笼中的鸟、饲养箱中的爬虫类，但它们全都被关起来养，与我们隔着玻璃、铁网或栅栏。只有猫和狗获准在各个房间漫步，而且几乎可以随心所欲、来去自如。我们与猫狗之间有种特殊关系，一种带有特定协议条款的古老契约。

不幸的是，这些条款经常遭破坏，而且违规的几乎都是我们。比起人类，猫与狗显然更忠诚、更可靠、更值得信赖。它们很少背叛、抓伤或咬伤我们，或是弃我们而去。这些情况会发生，通常是人类潜藏的愚蠢或残忍造成的。猫狗在大多数时候都坚定地履行着与我们达成的古老契约，它们的所作所为令我们羞愧。

人类与狗之间的契约已经超过一万年。如果这份约定有书面形式，上面应该会载明：只要狗为我们完成特定工作，我们就供以食物、饮水、遮风挡雨之处、友谊及照料作为回报。我们要求狗做的工作数量繁多且种类多变：狗必须为我们守护家园、保护我们的人身安全、协助我们狩猎、消灭对我们有害的动物、替我们拉雪橇等等。在更专业的角色中，受过训练的狗用嘴捡鸟蛋（但不会咬破）、寻找松露、在机场嗅出毒品、导盲、搜寻雪崩受困者、追踪脱逃的罪犯、赛跑、演戏及在狗展中出赛。

有时忠心耿耿的狗会在不知情的状况下，做出人类层次的野蛮行为。今日我们用 dogs of war 来指称佣兵，也就是使用特殊武器，逞匹夫之勇，享受杀戮与伤害快感的人。但是这个词原本指的是真正的狗，它们接受训练以攻击敌人的前线军队。在莎士比亚戏剧中，马克·安东尼呼喊"发出掠夺令吧！让战犬四处蹂躏"

时指的就是这种狗。① 古代高卢人在狗身上佩戴沉重的项圈，上面装满利刃，然后派遣这些武装狗反击。这些令人闻风丧胆的动物在罗马的骑兵部队中奔窜跳跃，将马匹的腿割得四分五裂。

遗憾的是，战犬至今仍未绝迹。虽然有明文规定这是违法的，但社会上依然有经过特殊训练的动物在斗兽场中打斗，只为了满足社会上赌博及嗜血人士的残忍娱乐需求。比赛虽然被迫地下化，但是并没有消失殆尽。

狗肉在某些东方国家被视为佳肴，不过这绝不是狗的主要用途，而且也越来越罕见。无论如何，大部分地区的狗都逃过了人类的口腹之欲，因为它们还有更重要的用途。

狗在所有人类社会大受欢迎，却有一个副作用，那就是流浪狗的数量越来越多。在一些国家，过多的流浪狗形成传播疾病、翻找垃圾的族群，让所有的狗背负了恶名。

早期人类赋予狗的任务渐渐失去重要性，新角色开始出现，宠物犬大量取代了工作犬。当然，工作犬在其旧有工作上依然大放异彩，但是新出现的"陪伴犬"数量已大大超越工作犬。这个现象与都会及郊区人口扩张，以及大城市的发展有密切关联。在此情况下，工作犬几乎无用武之地，但是人类与狗之间的联系却演变得更加牢固，我们难以想象人类家庭生活中完全没有犬类成员将会如何。因此，工业革命以后人们繁殖出许多新品种的狗，也建立了血统标准，并组织了狗展。竞赛型的纯种狗展已经演变成大型事业。

与此同时，数以千计的混种狗也开始出现。有些饲主只想要一个忠诚、友善的好朋友，他们常常蔑视经过特殊培育的纯种狗，批评它们太过人工。他们认为纯种狗独有的特征与特质走向了令人担忧的极端，而且近亲繁殖使这些狗狗变得难以相处。但是顶尖的育种者否认这一点，他们坚称只有培育昂贵、高档的狗才是对狗最好的照料。对育种者而言，饲养混种狗虽看似无害，实际上却会导致狗遭到忽视、衍生出无人照料的流浪狗、制造公共脏乱，并让狗背负坏名声。他们

---

① 莎士比亚剧作《凯撒大帝》（*Julius Caesar*）第三幕，马克·安东尼得知凯撒被杀后所说的一句话，原文为：Cry "Havoc！" and let slip the dogs of war。

辩称，如果所有的狗都是精心培育的纯种狗，反狗情结将会烟消云散，而且社会大众会将犬类伙伴视为名副其实的珍宝。

上述两种观点都多少反映出了事实。有些纯种狗的培育太过头，导致那些狗如今都承受着生理上的不适：腿很短且身体很长的狗容易有椎间盘突出的毛病，扁平脸的狗会因为呼吸困难而受苦，另外有些狗则有眼睛问题或髋关节疾病。相关培育人士对多年来这些狗身体上越来越多的毛病保持沉默，因为他们担忧那些特定品种会失宠，可惜的是这种趋势越来越明显了。举例来说，才不过一百年前，斗牛犬（bulldog）相对来说属于长腿狗，而腊肠狗（dachshund，或译为达克斯猎犬）的身体则比现今短上许多。对于众多特征被一点点放大，直到出现严重缺陷的"改良狗"而言，上述两种狗只不过是九牛一毛。如果要将所有问题狗都培育回接近几世纪前的模样（至少稍微回复一点点），也就是回到它们仍然能适当扮演工作犬的模样其实很容易，它们的魅力不但会分毫不减，健康状况更能大大改善。如此一来，纯种狗的世界便可迅速恢复秩序。

混种狗的世界问题更多。成千上万的混种狗饲主都尽力照顾宠物并给予尊重，但也由于混种狗没有什么商业价值，因此经常遭到遗弃。一窝窝幼犬贱价出售或赠送之后，又常常遭受虐待或抛弃。英国伦敦的"巴特西犬收容中心"每年收容约两万只没人要的流浪狗（1985年收容了19,889只，其中76%是混种狗），这还只是单单一家机构而已。许多混种狗可以找到新家，但有更多必须处死。光是不列颠群岛，估计每天就要处死2,000只狗。这样的状况若想通过直接行动来改变很困难，只能寄望社会大众能改善对动物福利的态度。

狗还要承受一种磨难，那就是成为人类大量侵略行为和科学好奇心的受害者。对狗而言，这两种行为都意味着受苦受难。人类因为将自己的侵略行为转嫁到社会较低阶层而恶名昭彰：老板羞辱助理，助理对下属大吼，然后下属再吼手下，依此类推，一路来到社会阶层最底层，正是完全信赖人类的狗。当狗儿被脚踢、被鞭打时，它永远也无法理解自己遭受的粗鲁对待很可能是起因于遥远会议室里的一句冷嘲热讽，然后随着社会阶层向下摆荡，沿途累积负能量，直到狗儿痛苦哀号而告终。顺此途径最后施加于狗身上的残酷，有些着实难以置信。仅仅英国一地，"英国防止虐待动物协会"（RSPCA）每年就接获约4万件虐狗投诉。

有些残酷行为被冠以科学研究之名,这同样难以置信。人类在这类例子中,以狗承受的痛苦有助于增进人类知识为借口,背弃了人犬盟约。身为狗的"伙伴",我们也许背叛了狗对我们的信任,但通过我们的发现发表学术论文,我们将此背叛行为合理化。事实上,在长期受苦的狗身上施加痛苦的实验,其中绝大多数都未能增长人类的知识。也许在早期的生理学、医学及动物学领域中,我们真的借着实验获得了一些重要知识。然而现今情况早已今非昔比,我们应该放狗一马,但这仍然是说易行难。

由此带出我撰写《狗狗学问大》的主要目的,我希望证明一件事:通过简单、直接的观察,或通过不会造成狗伤害的观察式实验,我们依然可以仔细了解并欣赏这些出色动物的惊人之处。狗为我们带来许多贡献,我们想玩乐时,狗是爱玩的同伴;鼓动我们去散个长步时,狗是健康的伙伴;我们心情激动、忧虑或紧张时,狗是让我们冷静的好友。此外,如果只提两个残留至今的工作角色,狗还肩负着警告我们家中有人入侵和保护我们不受攻击的古老职责。

有些人激动地大谈对狗的憎恶,却遗漏了许多面向;而单纯对狗冷漠的人也错失了人犬关系带来的惊人回报。由于这些人想必会忽视这本书,因此也无法得知一个耐人寻味的事实:养狗(或养猫)的人平均寿命比没养的人更长。这并非爱狗人士不切实际的幻想,而是单纯的医学事实:宠物亲密陪伴所产生的镇定效果能降低血压,因此也降低了罹患心脏病的风险。抚摸猫咪、拍拍狗儿,或抚抱任何一种毛茸茸的宠物,都有减轻压力的效果,这就直接命中了今日许多文明病的根源。现代都会忙碌生活中太多紧张与压力,每分每秒的思虑经常错综复杂、千头万绪,还要解决一连串的冲突妥协,让我们大多数人深受其苦。相较之下,与宠物狗或宠物猫友善接触正好提醒我们,在令人头晕目眩的进步文明漩涡中还残存着单纯、天真无邪。

可惜的是,即使是动物关系中的受益者也经常无法了解狗是多么迷人。因为这对我们来说太稀松平常,被视为理所当然。当我们被问及一些有关狗的问题时,例如狗的鼻子有多灵敏?它看得到颜色吗?当狗走失时,如何找到回家的路?为什么狗跟我们打招呼要摇尾巴?为什么狗的性生活那么奇怪?……我们通常就耸耸肩,然后顾左右而言他,根本不会费心去找出答案。如果我们努力去找答案就会发现，一般狗类书籍常常忽略了最基本的问题，反而将重点放在诸如狗的打扮、饲养、医疗照护，以及目前现存数百种品种之间的不同特征。这些信息当然都很实用，但是我们还想知道：为什么某些狗比其他狗更常嗥叫？为什么所有的狗都那么爱吠？为什么狗的行为会是如此？因此，我用一系列简短又简单的答案来回答这些重要问题。借此，我希望你能运用本书去处理人犬关系中碰到的每个问题，并且希望你在翻阅过本书后，能更为欣赏这种每次在你回家打开前门时都会雀跃上前迎接的生物，它们是犬类进化的非凡成果。

狗的简史

狗为何如此特别？究竟是什么样的犬类个性，让狗从总数4,236种人类以外的哺乳动物中脱颖而出，成为人类最亲密的伙伴？答案可能会让某些人不安，因为"人类最好的朋友"事实上是披着狗皮的狼。要了解我们与狗之间的密切联系，狼的个性正是关键。

不论是邋遢的混种狗还是高傲的狗展冠军犬、脏兮兮的流浪狗还是完美的纯种狗、小巧的吉娃娃（Chihuahua）还是巨大的大丹狗（Great Dane），所有的狗或多或少都算是被豢养的狼——这个见解对某些人而言有点难以接受。他们之所以忧心这个看法，乃因为野狼的恐怖故事已经有悠久传统，其中包括凶残的狼、吃人的狼、狼人，以及卡通人物"大野狼"。世界各地对这种雄伟生物的形容几乎都没好话，一直到近数十年的客观研究才有所改观。因此，当可爱、无害的小狗坐在地毯上睁着友善的大眼睛仰望着人时，人们顽强地拒绝接受它们与大野狼是同种的成员，这是无可厚非的。但是我们必须接受这个看法，因为那不但是事实，更是理解家犬行为的不二法门，也是了解为什么人类的最好朋友是狗（而不是猴子、熊或浣熊等）的唯一途径。

在探究狼的行为之前，我们先处理一些反对上述看法的意见。有一个反对意见认为，家犬的外形、体型及颜色差异极大，当然不可能属于同一种。不，它们不但可能，而且确确实实属于同一种。狗之间的差异或许很大，但都是表面上的差异。任何品种的狗都能与其他品种交配，并生出有生殖能力的后代。通过纯种繁殖而培育出来的基因差异太小，无法在生物学等级上独立成为一个种。但是，假设有一只公吉娃娃被一只正在发情的母大丹狗的醉人气味挑起性欲，它能怎么办？它又不是登山高手。这话说得没错，但是如果用他的精子样本对母大丹狗做人工授精，她照样会怀孕生出一窝小狗。就目前所知，所有狗品种在基因上都是兼容的。顺带一提，家犬与野狼杂交也毫无困难，同样可以生出有生殖能力的后代。

因此表面上看起来虽然不是，但其实所有的狗在生物学上都属于同一个种。136千克的圣伯纳犬（St. Bernard）的体重是娇小的约克夏犬（Yorkshire Terrier）的300倍，而立正站好的大丹狗肩高约102厘米，比约克夏犬高了约10倍，不过它们骨子里都是兄弟。只要是饲养过超小型犬的人都会同意这一点。超小型犬小归小，但它们内心十分坚信自己是巨大的狼，且在行动上也是如此表现的。它们会对邮差报以大声狂吠或低嗓怒鸣，因为邮差靠近了它们的私人领土，就该受到如此对待。如果发出的声音是尖锐的高音，那并不是它们的错。在公园里遇到大狗时，它们也会给予相同待遇，因为它们知道自己是完全成熟的成犬，何必要退缩呢？碰到这种行为，大狗有时会困惑地停下前进的脚步。当它们面对一整群小家伙的联合攻击时，甚至会有尊严地撤退。如果大狗饲主对这明显的怯懦表现不满，那就是误解自己宠物的行为了。大狗并不是怕小狗，而是因为这群进犯者体型娇小，大狗将它们视为特殊的社会类别："幼犬"，而攻击幼犬万万不可行。问题是这些"幼犬"的行为又不像幼犬，所以大狗才会出现困惑的反应。

如果英国的600万只狗、美国的4000万只狗，以及全世界数以百万计的狗都属于同一个种，为什么它们的外表差异会那么大？答案是：狗身为人类最古老的豢养动物，有足够的时间在育种控制下特化。不好相处、太神经质，以及攻击性太强的个体都已经被淘汰。狗儿已经变得比较孩子气、爱玩耍，也更温和顺从。如果是为了高速追逐之用而培育的狗，它们的脚就比较长，身材比较纤细；如果是为了追捕有害生物而培育的狗，它们的脚就比较短；如果是培育成玩赏用的小狗，它们的身形就不断缩小，缩小到可以轻易捧在手上带来带去。上述这些改变都是通过选择性育种来实现的。举例来说，要缩小某个品种还蛮简单，只要从每一窝幼犬中挑出体型小的，再以这些狗开始持续繁殖，经过几代之后就可以繁殖出体型大幅缩小的狗。

近几年来因为比赛型狗展的关系，已经有数百种"纯种"品种获得承认，而且每个品种都有固定标准。其中官方认可的主要品种类别有六种：寻捕猎犬、追捕猎犬、工作犬、梗犬、玩赏犬，以及实用犬。

寻捕猎犬包括指示犬（Pointer）、蹲猎犬（Setter）和寻回犬（Retriever），它们的用途是陪同并协助猎人探寻、驱赶及取回猎物。当猎人骑马或步行追捕猎物时，追捕猎犬协助其追踪及捕捉猎物。比方说猎狐犬（Foxhound）移动迅速，非常适合陪同骑马出猎；巴塞特猎犬（Basset-hound，或译巴吉度猎犬或短腿猎犬）则是通过选择性育种将脚缩短，使它们移动速度减慢，以配合步行狩猎的猎人。有些追捕猎犬靠嗅觉追踪，例如寻血猎犬（Bloodhound）；有些则仰赖视觉，例如格雷伊猎犬（Greyhound，或译灰猎犬、灰狗）。

工作犬包括护卫犬和牧羊犬，以及某些具备特定功用的品种，例如拉雪橇的哈士奇犬（Husky）。梗犬是小型的有害动物杀手，腿通常很短，让它们可以进入洞穴追捕獾、狐狸和啮齿目动物。它们的个性通常很独立而且不屈不挠，这是源自它们只身追踪猎物及单独作业的需求。

玩赏犬基本上是身形矮小的品种，被缩小的体型让它们成为更温顺的宠物。有些玩赏犬，例如玛尔济斯（Maltese）和京巴犬（Pekinese）历史悠久，不仅深受权贵人士宠爱，地位很高，而且数世纪以来都作玩赏之用，其贵族般的身世背景中完全没有其他世俗的工作职责。实用犬类型可就没有上流背景可夸耀了。虽然现今的实用犬只用来当宠物或展示犬，不过就在不久以前，它们仍属于工作犬。实用犬有各式各样的品种，例如大麦町（Dalmatian），它们是华丽的马车犬，专门陪在饲主的马车和骏马旁跟着跑；斗牛犬在早期斗牛竞赛中经过培育，成为凶暴的攻击者。上述这些任务都已经消失在历史的长河中，但这些品种的狗依然存在，因此取了个相当平淡无奇的名称——实用犬。

除了以上这些狗界贵族外，世界上还有许多混种狗和野狗。有一位专家估计，当今全世界这两种狗的数量高达一亿五千万只。有些狗在数世纪前就已回到野生状态，例如澳洲野犬（Dingo of Australia）和新几内亚唱犬（New Guinea Singing Dog）就属这一类。有些则是近几年才变成野生或遭弃养，并自行发展成野狗族群，通常靠着翻找人类社会的剩菜残羹过活。尽管这两种狗都是被豢养的动物，但它们努力重新适应野生环境。它们自行觅食，建立了自给自足的可存活族群。第三种狗是流浪犬，这种遭遗弃的狗几乎无法存活，因此无法在犬类社会中形成有效的成员。最后还有备受宠爱的混种宠物狗，饲养及照料它们的饲主坚决保护它们，对抗"养尊处优的纯种狗"。他们主张，混种狗更接近远祖狗，因此它们比纯种狗长寿，比较没有生理缺陷，对疾病较有抵抗力，个性较稳定，比较不会神经质，侵略性也较低。他们宣称，混种狗之所以身强体壮、精力充沛，正是因为混血的生命力。这种保护混种狗的精神令人钦佩，但事实上对大多数的纯种狗有失公允。其实现今所有的狗都还是相当接近祖型，不论外在体型、颜色或大小如何，骨子里全都是狼。这一点对我们而言很幸运，稍后将清楚解释其缘由。

关于家犬起源，迄今共有三个理论。第一个主张设想过去曾存在一个"失落的环节"，此环节指的是一种古代野生物种的狗，外观非常类似现代的澳洲野犬，它们演化出家犬，自己却遭到早期人类灭种。这个看法就畜牧业角度而言很合理，因为当某个物种通过豢养培育而"进化"时，相关业者通常会采取措施消灭该物种的"未进化"野生血亲以防止污染。此外，当家犬变成野生并在野生群体中繁殖时，它们显然会返回相似的类型，这点举世皆然。澳洲野犬、新几内亚唱犬、亚洲野犬（Pye-Dog of Asia）、中东的印度野犬，以及美洲的印第安犬（Indian dog of the America），其体格和一般外形看起来全都十分相似。这种情况仿佛在告诉我们，它们现在已绝种的祖先看起来长什么模样。尽管如此，失落环节理论早已不获广泛认可。

第二个理论认为，不同品种的狗是源自两个野生狗种。据信有些是狼的后裔，有些则源自豺狼。这个观点是由康拉德·劳伦兹[①]在其著作《人狗相遇》（*Man Meets Dog*）中提出的。但是后来的研究显示，这个"双重起源"理论并没有根据。针对豺狼的详细研究发现，它们事实上与狗和狼都截然不同。而同一时期针对狼的研究则发现，狼和狗几乎在所有方面都出奇相似。

目前被广为接受的是第三个理论。这个理论认为，所有现代家犬都是在8,000~12,000年间从单一物种"狼"演化而来。过去数十年缜密的解剖学和行为科学研究确认了这一点，目前看来似乎难逃这个结论。不过有一个明显的问题，为什么野狗没有变回更像狼的形态？这个问题其实是起于一项误解，也就是

[①] Konrad Lorenz, 1903—1989, 奥地利动物行为学家, 1973年获得诺贝尔生理医学奖。知名著作包括《所罗门王的指环》《攻击与人性》。

与狗的演化有关的狼种。今日不论在影片中或动物园里，我们看到的狼基本上都来自于冰冻的北方：俄罗斯、斯堪的那维亚及加拿大灰狼。这种野兽身形壮硕、毛皮很厚，适应原始狼栖息的最寒冷地区。狗很可能不是从这种狼演化而来，而是演化自体型较小、较不结实、毛皮较不厚重的亚洲狼，这种狼在狼种栖息范围的温暖地区很常见。就体型和外观来看，这种狼与今日的野狗相当接近，应该是最合理的狗种原型。

针对野生狼群的田野观察让我们深入了解这个"掠夺怪兽"的许多真实本性。狼根本不是残暴野兽，而是具备社会组织的物种，其中牵涉到庞大的社会约束、社会阶级控制以及族群中相互协助的精神，实在令人印象深刻。譬如在狩猎、抵御外敌及繁殖时，它们会有多种主动互助合作的行为，平衡了个体间的良性竞争。父母以外的成狼会协助喂养幼狼，而且每个社会团体中都很少发生打斗。

狼的社会生活显然与早期人类非常相似，因此两者之间发展出紧密的情感联系。两个物种都过着"群体"生活，住在有防卫的团体领土中；他们都在领土中央建立大本营，从此处出门觅食；他们都变成团队合作的猎人，专门猎杀体型比他们大的猎物；都会在狩猎时运用诡计、使用包围战术和埋伏突袭；他们都发展出雄性与雌性之间的情感，而且团体会照料幼子；也都演化出复杂的身体信号，包括脸部表情、姿势和姿态动作。

在最古老的状况中，史前人类与狼的关系应该是相互竞争，因为两者的求生方式相当类似。当时可能有些无助的幼狼被带到人类部落，成了可口多汁的小点心。但是人类可能允许它们四处乱走，充当营地里蹒跚学步幼童的玩具。幼狼成长过程中有一个特殊阶段，它们会开始"社会化"，因此年纪很小就被带来的幼狼，在成长过程中会自认为属于人类族群而非狼群。这意味着，当它们长大成狼后，它们会自然而然扮演起看门狗的角色，当它们灵敏的耳朵在夜晚听到有东西接近营地时就会大声警告。此外，它们也可能跟着人类出外打猎，在收养它们的人类伙伴发现猎物之前就先嗅到猎物。如果这样还看不出这些犬类天赋的价值及其潜力，那人类肯定愚蠢至极。因此人类开始不再吃掉掳来的幼狼，而是留下活口，让它们待在营地里，甚至加以喂养。只要是敌意太强或太胆怯的幼狼，很快就被杀来吃。于是，在人类对事物的规划蓝图中，剩下的幼狼便成为伙伴，成为与人类共生的生物。

岁月如梭，几个世纪过去了，原始的狼型狗在外观上也许只有某些表面的改变，但其体型可能变得较小。突然出现的各种奇怪颜色，例如黑色、白色、斑点或杂点，都有人偏爱，成了辨识个别犬只的方式。但除此之外，改变史前犬类伙伴的外形可能就没有什么迫切需要。

终于，随着农业时代来临，保护财产变得更为重要，于是护卫犬成了特化的品种，猎犬和看守牲口的狗也是。但是此时距离我们今日所知的数百个品种还远得很，今日的数百种不同品种的狗，是过去数百年来高度选择性且速度奇快的繁殖计划的结果。欧洲中世纪时的犬种可能不到十几种，每一种都肩负各自的主要任务。

不同犬种大量出现要归因于工业革命的推动。不论直接或间接，工业革命造成狗数量大增，且供过于求。由于狗卸下了原本肩负的工作，且狗参加残酷运动（例如斗牛、捕獾及斗犬等）也被禁止，狗迷们必须为动物找到新角色。18世纪时，酒吧里开始举办"最佳犬只"比赛。到19世纪之前，具有固定标准的狗展已经发展成熟，就连皇室也置身其间，纯种狗的培育、饲养及展示很快便风靡一时。

随着都市的发展，宠物狗与陪伴犬也迅速蓬勃发展，满足了都市居民怀念乡村生活的情怀。公园遛狗几乎成了受困于都市繁忙生活的人们最后残余的乡野情趣。在用石头铺路，以砖块和灰泥筑墙的环境里，人们强烈需要与自然世界接触，狗对于满足这类需求大有帮助，这也正是它们今日的功用。

狗为什么要吠？

常常有人误以为吠叫的狗有威胁性。大声吠叫的狗看起来似乎针对着你，但这其实是误解，因为吠叫是犬类的警示叫声，而且是叫给同伙听的，其中包括狗的人类伙伴。

吠叫传递的信息是："这里有些事情很奇怪，务必提高警觉！"吠叫在野生环境中有两个效果：让幼犬寻找遮蔽和隐藏的地方，以及召集成犬聚集以便采取行动。若以人类的沟通工具来模拟，狗吠比较像是按警铃、敲锣，或吹号角——宣告"城堡大门前正有人靠近"。这样的警示并未表明来者是敌是友，但可确保同伴采取必要的预防措施。这就是为什么家犬会以大声吠叫来迎接主人，也对窃贼入侵报以相同叫声。一旦狗确认了来者身份，吠叫就会变成亲切的迎接仪式，或是猛烈的攻击。

相较之下，狗在纯粹攻击时则是完全静悄悄的。无畏无惧又凶狠的狗会直接冲向你，张口就咬，这一点可从警犬示范攻击佯装逃犯者的表现来确认。当戴着沉重手臂护具的人穿过田野逃跑，训练员放开警犬时，警犬并不会吠叫，而是全然寂静无声。大狗会迅速又安静地跃向对方，张嘴咬住戴着护具的手臂，而且紧咬不放。

狗逃跑时也同样寂静无声。当狗落荒而逃时，会尽量安静地逃走。声音基本上都是冲突或挫折的表现。虽然狗在具有攻击性的时候总是会发出声音，但那不过意味着即使敌意最强的狗也会有点害怕。比起低吼式攻击，警犬完全安静的纯粹攻击相当少见。嘴唇后缩、露出犬齿的龇牙低吼在狗身上很具有代表性，这个动作带有强烈的攻击性和略微的害怕。低吼式攻击比安静攻击多了些许惧怕因素，但并不表示那只狗好惹，它的攻击欲望仍比逃跑欲望要强烈得多。低吼的狗是邮差先生的噩梦。

如果依照惧怕程度增加的顺序排列，接下来是嗥叫的狗。嗥叫的狗比低吼的狗惧怕程度高一点，不过攻击风险还是不小。嗥叫的狗可能觉得自己需要多一点防御，但还是有很高程度的攻击性，随时都有可能爆发百分之百的攻击。

当平衡状态稍微往纯粹攻击的反方向移动，而且恐惧开始占上风时，嗥叫会开始与吠叫轮流出现。低沉的嗥叫会突然"爆发"成狂吠，并重复"嗥叫—吠叫"的模式。狗发出这种叫声的意思是："我很想攻击你（嗥叫），不过我觉得应该呼叫援军（吠叫）。"

如果狗脑袋里的恐惧成分越来越强，并开始压过攻击性时，叫声中的嗥叫成分会消失，只剩下大声又重复的吠叫。这种叫声可能会持续一段时间，并且会让人十分恼火，直到引发它吠叫的奇怪因素消失，或是人类"伙伴"前来看看究竟是怎么回事为止。

家犬吠叫有一个特色，它们会以机关枪迸发的方式，通过一长串兴奋又有力的声音发出叫声：汪汪汪……汪汪汪汪汪……汪……汪汪汪，诸如此类。这个特色应该归因于一万年来的选择性狗类育种，而非来自这群豢养动物的野生远祖。狼也会吠，但它们发出的叫声远不如狗的叫声让人印象深刻。你第一次听到狼群吠叫就可以立刻分辨出来，但会难以相信那叫声竟然如此节制又简短。狼吠的声音并不特别大声，也不很常见，而且往往是单音节的声音，最恰当的形容是短促音的"呜"。通常狼吠会重复数次，但绝不会演变成嘈杂的机关枪开火般的叫声，亦即狼的被豢养后裔所发出的典型叫声。

说来奇怪，据说养在家狗附近的狼，在一段时间之后会学会发出大声的狗吠。因此，显然从"呜"转变成超级狗吠并不困难。抛开这项学习能力不谈，在狗早期的豢养年代里，古代狗饲主很可能曾快速挑选出吠叫表现优秀的狗作为防窃看门犬。他们以中庸的狼鸣为基准，从一窝幼犬中挑选出叫得最大声、时间最长的狗，时至今日便造就出吵闹的看门狗。如今几乎所有品种的狗都带有能发出改良吠声的基因特性，有些品种在这方面表现尤其出色。只有巴仙吉犬（Basenji），又名非洲无声犬（African Barkless Dog）完全跳出了这个趋势之外。这个特殊品种是小型、安静的猎犬，五千多年前在古埃及被培育出来，而且在它漫长的豢养历史中从未被赋予看门任务。

总而言之，"咬人的狗不叫"（his bark is worse than his bite）这句知名谚语可以说有事实根据。因为吠叫的狗通常都没有足够的勇气咬人，而会咬人的狗也不会费心通过警示叫声来呼叫援军。

臭口 photo by Ping

你的狗狗会用大声吠叫来迎接你吗？

狗为什么嗥叫？

虽然狗比狼更常吠叫，却比较少嗥叫。狗嗥叫之所以比较罕见，是因为家犬与野狼的社交生活不同所致。嗥叫的功能是协调并召集伙伴采取行动。狼嗥叫的时间绝大多数是在傍晚及清晨启程去集体狩猎之前。家犬因为有饲主准备食物，永远过着像幼犬般备受呵护的生活，因此"加强团体凝聚力"（亦即嗥叫的正式功能）的需求便不在优先考虑之列。它们很少出现团体四散的状况，因此不太需要嗥叫。在家犬的日常生活中，唯一需要嗥叫的类似情况是被迫单独隔离时。此时它可能会演出"孤独的嗥叫"，这个叫声的功能与召集同伙的嗥叫一样，两者皆表示："我（我们）在这里……你/你们在哪？……来加入我（我们）吧。"在野外，嗥叫的作用就像磁铁一般，是为了吸引同伙的其他成员，并号召它们加入"部落之歌"的行列。人类因为无法"加入"嗥叫以响应嗥叫的狗，因此在犬类义务上有亏职守。

我们知道，有些公狗在正常状态下从不嗥叫，但是当充满吸引力的发情母狗坚决拒绝追求时，公狗就会发出心碎般凄凉的长嗥。这并不表示那样的嗥叫是一种性的信号，而是表达了前述的社交行为，其基本信息仍是"加入我吧"。

嗥叫代表的"加入我"信息力量之强，足以让人类的田野工作者利用嗥叫来捕捉年幼的小狼。有时只要坐在树下模仿成狼嗥叫，就足以诱使小狼迈着蹒跚的步伐走出来，加入发出嗥叫的人。不过较年长的狼并不会被这计谋蒙骗，这一点揭露出嗥叫信息中还有另一个重要因素——狼长大成熟时，每一匹狼都能辨识嗥叫者的身份。人类的田野工作者也可以用这种方式辨识出他们研究的狼群中的不同成员。嗥叫的音调序列中存在着些微变化，这些变化成了具有个体特征的音调。因此，嗥叫的一般信息虽然是"是我，来加入我吧"，但是其完整信息可能包含了更多细节。有些研究狼的专家相信，嗥叫的狼向后仰起头并发出悲戚声音时，也传达了嗥叫者情绪的精确信息。而且，由于嗥叫行为较常发生在狼群领土的边界，因此其中也包含了宣示领土的意思，让其他族群知道某个地区已经被占领，有组织的帮众已身在其中。

重要的是，遭到驱逐的孤狼并不会在它们偏远的居住地加入狼群嗥叫，也不会试图重回原本的狼群。不过当其他狼群安静无声时，它们有时会独自嗥叫。如果有其他孤狼响应，它们可能会会合，并且在尚未有人占据的领土上重起炉灶，组成新的狼群。

回到家犬主题，现在家犬不如它的野生表亲那么爱嗥叫的原因就很明确了，因为并没有相应的社会背景足以诱发嗥叫行为。如果宠物狗以类似群聚组织的大型族群方式饲养，嗥叫行为肯定会重现，一些专业养殖场就有这种情况。此外，如果让狗单独关着，或不让它靠近发情的母狗，它们也可能会嗥叫。不过住在充满爱心的人类家庭中的成年家犬根本没有任何刺激，不会发出这种所有犬类叫声中最牵动神经的呼喊。

对于上述最后一句描述，音乐家庭会有个有趣的例外。在尚未有电视机的年代，如果家人热衷在晚上歌唱，有些宠物狗会误解歌唱信号，以为饲主打算"召唤伙伴一起同心协力"，它们会向后仰起头，跟收养它们的伙伴成员一起嗥叫，热切地响应狩猎的呼叫。人类因它们嗥叫而起的负面反应，肯定让狗儿惶惶不知所措。

维也娜 photo by 张玉梅

你的狗狗会用嗥叫声跟你"对歌"吗?

狗为什么摇尾巴？

不管是外行人还是专家，都常说只要狗摇尾巴就表示友好，但实则不然。这个错误和坚称猫摇尾巴就表示生气的错误如出一辙。不论是狗还是猫，摇尾巴都只表示一种情绪，那就是心理矛盾的状态。在动物的沟通方式中，所有的尾巴来回摆动几乎都是这个意思。

动物处于矛盾状态时，它会同时感受到两种不同方向的拉扯：想前进，同时又想后退；或者想左转，同时又想右转。由于两个想法相互抵触，因此动物会待在原地，但心理上紧张。它的身体（或身体某部分）会服从其中一个欲望，开始朝某个方向移动，但随即停止，又朝相反方向移动。这个现象在不同物种的身体语言中会引发一系列特定形式的视觉信号，例如扭动脖子、上下摆动头部、轻轻拍弹尾巴，以及众所周知的摇尾巴。

当狗摇着尾巴时，它的心理状态究竟如何？基本上它是既想待下来，又想走开。想离开的原因很简单，因为害怕。但想留下的欲望就比较复杂了。事实上想留下的原因不只一个，而是好几个，它可能是因为饥饿、表示友善、有敌意，或基于其他理由而想留下，这就是无法将摇尾巴贴上单一标签的原因。摇尾巴这个视觉信号必须配合当下同时发生的动作，放在现实情况中加以解读。下列几个例子将有助于厘清这个问题：

幼犬在年纪很小时并不会摇尾巴。记录中最早观察到摇尾巴的是17天大的幼犬，但这很罕见。30天大时，约有50%的幼犬会摇尾巴，而且这个动作在49天大时完全成熟（这些都是平均数字，依品种不同而有差异）。幼犬第一次摇尾巴出现在母狗哺育幼犬时。当幼犬在母狗腹部排好队，母狗开始喂乳时，它们的尾巴会开始猛烈摇摆。这样的行为很容易被解读为幼犬的"友善喜悦"。但如果真是如此，为什么摇尾巴动作没有更早出现，譬如在幼犬两周大时？两周大时，母乳同样重要，而且它们的尾巴也早已发育成熟了。既然如此，上述解读是否遗漏了什么？答案是幼犬之间的冲突。两周大时，幼犬依偎在一起相互取暖，彼此慰藉，竞争情况尚未出现。然而到了6周或7周大时，摇尾巴动作已经完全显现，幼犬也到了恃强欺弱及相互混战的社交阶段。为了获得母亲供给的食物，它们必须靠得非常近，靠到刚刚才咬它、追它的幼犬身边。这样的状况会导致恐惧，但是享用眼前美食的欲望会压过恐惧。因此当母狗哺育幼犬时，它们是处在饥饿和恐惧的冲突状态中——既想待在原地享用大餐，又不想太靠近其他幼犬。狗一生中首次摇尾巴，正是因为这样的冲突而起。

出现摇尾巴动作的第二种情况是幼犬向成犬乞讨食物。此时又会出现与上述相同的矛盾状态。当幼犬靠向成犬嘴边找食物时，它们再次被迫彼此靠近。

之后在成犬阶段，当它们在分离后重逢并彼此打招呼时，会在重逢信号中加入摇尾巴。此时友谊和不安碰撞，产生情绪上的矛盾。此外，求爱也会伴随摇尾巴，因为性吸引力和恐惧会同时出现。还有最重要的，在某些挑衅动作中也会出现摇尾巴。在这些例子里，摇着尾巴的那只狗虽然怀着敌意，但是也心怀恐惧，依然是两种情绪同时出现的矛盾状态。

摇尾巴动作的特性有各种变化。在比较温顺的狗身上，摇摆动作很松散，摆幅较宽。在具有攻击性的狗身上，摇摆动作比较僵硬，而且摆幅较小。摇尾巴的狗的地位越低，尾巴的位置就越低。有自信的狗摇起尾巴时整个尾巴是挺直的。

如果你留心观察狗（或狼）在各式社交情况中相遇，就可以观察到上述所有现象。为什么摇尾巴常常会被误解，而且只贴上"友好"的标签？答案是，我们对人与狗之间的问候比较熟悉，对狗与狗之间的问候比较陌生。如果我们养了好几只狗，它们通常无时无刻不在一起，但是我们每天都重复演出离开它们又重逢的戏码，因此一次又一次看到的都是友好、服从的狗在向主人打招呼。在它们眼中，主人是其"群体"中占支配地位的成员。在这种情况下，狗的主要情绪是再次看到其群体领导者的友好与兴奋，但这样的吸引力却带着些微不安，其不安已足以诱发摇尾巴的矛盾反应。

我们总认为自己的狗全心全意爱我们，没有别的情绪，因此很难接受上述事实。狗对我们又爱又怕这件事，我们比较不感兴趣。但是请想想我们与狗之间的体型差异，我们直立的身躯高度对狗而言就如同高塔般耸立，光这一点就够令它们担忧了。除此之外，我们在许多方面占着支配性的优势，它们的生存有许多方面都要仰赖我们，因此狗对我们的情绪五味杂陈，其实一点都不令人惊讶。

最后，摇尾巴除了是狗的视觉信号之外，人们认为摇尾巴也传送了气味信号。但除非我们以狗的视点来看世界，否则我们无法理解。狗的肛门腺会散发出个体气味，而紧绷、激烈的摇尾巴会规律地挤压这些腺体。如果尾巴是挺直的（正如有自信的狗），那么尾巴急速挥动就会使肛门腺分泌物急遽增加。虽然我们人类的鼻子不够灵敏，无法察觉这些气味，但对狗而言，那些气味非常重要。气味这一额外效果，也是使摇尾巴这简单又有矛盾情绪的反复动作在犬类社交生活中占有一席之地的重要因素。

snow photo by 许骁

回忆一下，你的狗狗在什么状态下喜欢摇尾巴？

狗为什么老是在喘气？

人类在跑着追赶公共汽车之后会气喘如牛，但没有人会像狗那样经常喘气，就算身体一动也不动，狗也可能开始喘气。狗太热时会张大嘴，伸出舌头拍动，并开始快速又沉重地喘气，这是我们大家都熟悉的。狗喘气时会反复湿润自己的大舌头以加速蒸发过程，这是散热机制的关键。狗的体温过高时会比平常喝更多的水，为舌头表面补充液体。如果没有这个机制，许多狗会死于中暑。

为什么狗需要如此强力的喘气机制来调节体温？答案与它们皮肤的结构有关。狗跟我们不一样，只有脚上具备高效率的汗腺。人类可以通过身体大量出汗快速降温，狗则做不到。

说来奇怪，我们人类三个最亲近的动物伙伴马、猫和狗，都各自演化出了保持凉爽的方法。马跟我们一样会大量流汗；猫太热时会使劲舔毛，将唾液当做冷却剂涂满全身；狗则是喘气。

犬类选择喘气肯定与它们远古祖先身披厚重皮毛有关。原始狗在演化时，在寒冷气候中保暖显然比在炎热气候中保持凉爽来得重要。由于毛皮很厚，因此皮肤汗腺对于温度调节帮助不大，也不再重要。今日许多品种的狗皮毛较薄，流汗机制应该可以帮助它们在炎热午后消暑，但是有效汗腺再次演化尚未完全改变毛皮特质的基因。无毛品种的狗，例如墨西哥无毛犬（Mexican Hairless Dog），其流汗机制理应很容易恢复，但这种狗的皮肤依然异常干燥，就算天气炎热也一样。

一度有人声称，这种怪异狗的体温高达40℃，跟一般犬类38.3℃~38.9℃的体温不同，然而近期的测试并无法确认这一点。它们的体温似乎与其他狗类一样，但是因为皮肤触摸起来毫无阻隔，所以感觉上比其他狗热得多。据说这种狗是早期墨西哥人培育出来当做寒冷夜晚的活体热水瓶的，由于没有犬类的皮肤流汗功能，加上其正常体温比人类高，无疑是扮演该角色的"理想狗选"。

muscle photo by POCO ID: kenmax

夏天给狗狗剪毛真的能让它更凉快吗?

5
狗撒尿时为什么要抬起腿？

现在每个人都很清楚，公狗尿尿不只是为了从体内排出排泄物而已。每当公狗出去溜达时，关心的焦点是读取活动范围内其他公狗抬腿尿尿留下的各种化学信号。它们会用颤动的鼻子全神贯注地闻遍每一根树木残株和灯柱，在仔细嗅过其气味信号之后留下自己的气味标记，用自己的强烈气味掩盖旧的气味。

狗幼小的时候，不论雌雄，一律蹲着尿尿。但到了青春期，约八九个月大时，公狗会开始在射出尿液时抬起一只后腿。抬起的腿僵硬地伸直，身体形成一个角度，以便尿液射向侧面，而不是向下尿到脚下的地表。公狗抬腿尿尿的欲望非常强烈，经过一段长时间的标记气味散步之后，尿液可能已经用罄，无法再撒尿了，但在这种状况下，你也许会观察到公狗死命试着挤出几滴尿液，只为了留下自己的"名片"。就算是膀胱已经完全空了，它们依旧会持续抬腿，这动作已经跟排泄液态废物的需求毫无关系了。

同样奇怪的是，抬腿也跟雄性生殖能力无关。如果公狗在青春期之前就已结扎，它们依然跟性能力完全正常的公狗一样，会在相同年龄做出抬腿动作。由此可见，虽然抬腿是成熟公狗的动作，但似乎与睾丸素的分泌程度无关（有人可能会认为有关）。不过尽管这个动作不是因性激素而起，但确实会留下狗的性生理信息，因为性激素会随着尿液排出。同样存在于尿液中的还有来自雄性副腺，特殊的、有个体特性的分泌物，这让每一个气味标记都拥有了个体身份标签。

公狗为什么抬腿而非蹲下，目前已提出了三个原因：第一个原因，也可能是最重要的原因，是尽可能维持气味信号的新鲜度。将气味信号放在地上，比搁在垂直位置更容易受污染。第二个原因，抬腿可将气味痕迹移到其他狗的鼻子高度，既可以使其成为更醒目的气味点，也能让它更容易被闻到。第三个原因，用这个方式可以告知其他狗，同时也提醒撒尿者自己，气味信息位于何处。我们可以观察到，狗会走一段很长的距离，走到一根孤零零的柱子或树木跟前，只为了闻上一闻，然后抬起腿。换句话说，使用垂直标记有助于限制能找到气味的地点数量。

公狗的气味标记系统有一个副产品，那就是可以让狗轻易从远处辨识出另一只狗的性别，只需要看一下那只狗停下来尿尿时的身影即可。这个信息会影响这只狗是否要靠近对方的决定。

通过抬腿排尿而留在标记上的气味到底传递了什么信息？目前有数种说法，而且可能全都正确。第一个说法是，该信息是留给尿尿的狗自己。狗在住家附近的巡逻区域各处留下个体气味，标示该区域属于自己。当它回家时会闻到自己的味道，并且知道自己已经回到熟悉的地方。我们在家里会感到轻松自在，是因为里头满是自己的个人所有物和小摆饰。狗会觉得轻松自在，则是因为它已经用自己的气味"所有物"为其领土贴上标签了。第二个说法是，该信息是留给其他的狗，告诉它们关于这只狗的性生理状况及领土存在。它可以吸引异性过来，也可以警告其他公狗不要侵入。针对这一点有人认为，公狗着迷于其他狗的气味，从来不会恐惧颤抖地避开其他狗的气味标记。不过，那些标记虽然没有直接的威胁作用，但并不表示无法将某区域标示为"有人占领"。第三个说法修改了上述第二个说法，认为气味标记的真正基础在于分时（Time-Sharing）。在野生环境中，如果好几群野狗彼此住得很近，只维持最低限度的冲突，那么气味标记有助于知道邻近狗群什么时候经过，频率有多高。由于气味标记的强度和特性取决于其新鲜度，因此可以测定其他狗巡逻该区域的频率。由此可见，特定区域有可能分时使用，狗群可避免狭路相逢，不用因此卷入直接冲突而造成损伤。

针对自由流浪的村庄狗的研究显示，它们每天会花2～3小时检查领土中的所有气味标记。它们每天要探险数英里，仔细嗅闻路上每一个气味点标记，并读取最新的信息。虽然这得花上大把时间和精力，却能让各个村庄的每一只狗获得该区域的完整狗地图，其中的信息包括当地犬类族群大小、移动状况、性生理状况及身份识别。

人们普遍认为母狗基本上不会抬腿，但并非绝对正确。所有母狗中约有四分之一在排尿时会抬起一条后腿，但它们做这个动作的方式与公狗不同。母狗抬腿时，一条后腿会抬起来移到身体下方，而不是向旁边伸直。因此它的尿液依然会落在地上，而不是在垂直表面上。有时为了克服这个问题，它会采取难看的倒立姿势，倒退走并爬上竿子或墙壁，然后以双腿腾空的方式排尿。母狗用公狗的方式抬脚则相当罕见。

笨笨 photo by POCO ID: 门可罗雀

还记得你的狗狗第一次抬腿撒尿是在什么时候?
一起来标记一下狗狗的成年礼吧!

狗在排便后为什么要抓扒地面？

每一位狗饲主都曾观察到，狗（特别是公狗）在排完便后会用力抓扒地面好几下。它会移到离粪便掉落地点稍微旁边一点的位置，然后施展前脚和后脚强力向后移动（尤其后脚特别用力），重复抓扒地面，然后才走开。有时抓扒也会出现在排尿之后，不过较不常见。

原本关于这个动作的解释是，此乃野生狗祖先像猫一样掩埋粪便动作的残迹。过去人们认为，豢养过程逐渐让这个动作丧失效力，以前为了维护卫生，如今这个动作的残迹则毫无用处。然而这并非事实，因为通过观察自然状态下生长的狼会发现，它们也会做出相同的抓扒动作。此动作并未因豢养而有任何"衰退"。

另一个说法是，狗想要将粪便扩散开来，将整个区域扩大到它们留下个体气味的范围。有些动物的确很喜欢散播粪便，例如河马，河马的尾巴特别扁平，会像扇子一样来回挥动，能将充满气味的粪便散播得又远又广。然而，狗抓扒地面的脚虽然很靠近自己的粪便，但似乎总是能避免碰到粪便。

这情形留下两种可能的解释。第一个解释，有人曾在野外观察到，狼抓扒地面时，它们会弄乱数英尺内的泥土和枯枝落叶，这样会在粪便气味信号旁边留下明显的视觉标记。狗则是抓扒人行道或都市里的坚硬地表，也就是今日许多饲主遛狗的地方。狗脚抓扒对这些表面几乎不会留下视觉标记，但这只是运气不好。在自然的环境中，抓扒会留下醒目深刻的视觉信号。

第二个解释是曾有人指出，狗身上只有脚趾缝中有高效率汗腺，而抓扒也许只是在粪便已经有的气味之外，再加上其他的个体气味而已。我们可能会觉得这个说法没什么说服力，因为人类鼻子虽然可以轻而易举侦测到犬类粪便所在，但对犬类脚汗的气味却毫无反应。但是在气味丰富的狗世界里，这额外形式的气味标记的确有可能传递其独特信息。在狗对出门散步的着魔执念中，这又提供了更进一步的蛊惑。当狗在自然环境中施展抓扒动作时，气味因素和视觉因素十之八九都有作用。

狗会表现出自责吗？

许多狗主人宣称，当狗做错事时，他们曾经观察到狗会表现出内疚的样子，仿佛在为自己做的坏事道歉。这是人类臆想出狗具有人类的情感，还是狗真的会有自责感？

"违反规矩"的狗会异常地恭顺服从，那是面对人类饲主怒火的自然反应。狗非常擅长侦测"意图动作"（intention movement）——也就是透露出山雨欲来的初始迹象。即将发飙的狗饲主在真正对狗咆哮之前，身体可能会先紧绷起来，而狗有能力看出这样的紧张状态，并据以做出相应的行为。因此，如果狗在被斥责之前就开始俯首贴耳地靠近，那可能只是准确猜到即将发生什么事而已。这种直接反应不能称为自责，单单恐惧就足以解释。

但是有些狗主人坚称，他们在"罪行"曝光之前就已经看到自己的狗恭顺服从的样子。譬如狗被单独关在房间里太久，最后把地毯搞得乱七八糟，或是出于无聊而咬烂了拖鞋或手套，或只是想找事情做而造成其他损坏。如果这只狗从过去经验中学到这样的行为不可为，那么当主人回家时，狗可能会以异常友善（而非乖得出奇）的方式迎接。如果主人还没机会看到它造成的损坏，狗就不可能从主人的行为中读出"即将发飙"的任何线索。由此可见，狗的行为是基于了解自己做了"错事"而自主产生的安抚动作。这表示，狗事实上能够表现出自责。

类似行为也曾在狼身上表现出来。有人曾往一群被关起来的饥饿狼群中丢进一大块肉,而且丢的位置刚好让一只较柔弱的狼抓到。这只地位较低的狼攫起肉块,急忙窜到角落。地位较高的狼靠近时,它对它们又吼又咬,保卫自己的战利品。在狼的社会中有一条社会行为法则:食物的所有权高于统治关系。换言之,不论社会地位高低,如果一块食物已经到你嘴里,那就是你的,即使是群体中权力最大的成员也不能从你手中夺走。此处有所谓的"所有权范围",指的是从正在进食的狼的嘴巴向外延伸约30厘米的范围,在这个范围内严禁侵犯。(狗饲主应该也有注意到类似现象。在一群宠物中,就算是地位最低的成员,当它正在享用肉块或骨头时,如果有别的狗靠太近,它也会猛然张嘴攻击。)在饥饿狼群的案例中,地位较高的狼急着想从柔弱的狼手中抢走肉块,但又努力克制着不动手。地位较低的狼吃了大半肉块时一不留神,剩下的肉块就在没盯紧的情况下被偷了,地位较高的狼因此大快朵颐了一番。整个过程结束后,那只柔弱的狼主动靠近地位较高的狼,并向它做出卑躬屈膝的顺从行为。虽然那些"上层阶级的狼"都没有对地位低的狼表现出威胁或明显敌意,但全都接受了它的顺从表现。看起来仿佛是抓到肉块的柔弱狼被迫为自己早先的行为道歉,而且清楚表示自己绝对不想争取地位较高的角色。

尽管狗饲主很熟悉这样的反应,而且视其为理所当然,但是就狗而言,这些行为透露了相当复杂的社交法则。在其他许多物种中,这样的评估并不存在,却与社会化程度较高的家犬野生祖先的群居生活直接相关。

勒勒 photo by 尚可

你的狗狗做错事时会有怎样的表现?

8

狗如何邀伴一起玩耍？

对大部分哺乳动物而言，随着个体越来越成熟，嬉闹行为会逐渐消失。但这条规则有两个明显例外，那就是狗和人类。在演化过程中，我们变成了"长不大的人猿"，童年的好奇心与爱嬉闹的习性都延续到了成年。这样的演变赋予我们出色的创造力，这也正是造就人类惊人成就传奇的核心。因此，我们最偏爱并视为亲密伙伴的动物，理应与我们共享玩乐生活到成年，这一点都不奇怪。

正如我们是长不大的人猿，狗是长不大的狼。所有品种的家犬到了成年依然保持着不寻常的爱玩心态，即使到了高龄也一样。但是狗必须面临一个问题：如何告诉其他狗或人它们想要玩耍？由于玩耍通常包含假装打架和假装逃跑，因此有一件事很重要：如何清楚表示某个特定动作只是好玩，不需严肃以对。这个问题可通过特殊的邀伴玩耍行为来解决。

最常见的"来玩吧"信号是"玩耍鞠躬"，这个动作是狗将身体前半部分大幅压低，同时保持后半部抬高。它的前腿呈"狮身人面像"姿势，如此一来，胸口会碰触或快要碰触地面，后腿则完全垂直伸直。摆出这个姿势后，想玩耍的狗会热切地盯着玩伴，并且小幅向前推动，仿佛在说"来玩吧，来玩吧"。如果玩伴有所回应，接着就会开始玩耍追逐或玩耍打架。由于这种追逐或逃跑是由特殊的玩耍信号发起，因此绝不会追着追着就真的打起来，而逃跑的狗最后也不会真的被咬。事实上，追逐者和逃跑者的角色会一次次对调，轮流扮演追逐者和被追者，而且对调角色的速度也透露出它们并不是真的想攻击或真的害怕，只不过是角色扮演而已。这类嬉戏的典型玩法是绕着大圈跑。

有一种说法认为，"玩耍鞠躬"起源于伸懒腰。的确，当狗儿起床并准备开始活动时，会做出伸长腿的伸展动作，很类似"玩耍鞠躬"。这个说法指出，借着做出"伸展"动作，狗表示自己已放松，随之展开的攻击和追逐都不会是认真的。更有可能的解释是，鞠躬不过是跳跃准备动作的凝结，颇类似田径选手等待发令员鸣枪时摆出的弯腰蹲伏姿势。

犬类还有好几个典型的邀伴玩耍信号。其中一个是所谓的"玩耍表情"，犬类这个表情等同于人类的微笑，而且构成要素也类似，嘴唇以水平方向向后咧开，不是垂直方向。因此嘴巴线条变得更长，嘴角朝耳朵后缩。下颌微微张开，但并未露出门牙。这个表情与狗愤怒的龇牙低吼表情相反。狗龇牙低吼时，嘴角往前移动，鼻子会向上皱在一起，露出全部门牙。摆出"玩耍表情"的狗没有一点攻击性。

其他鼓动同伴一起玩耍的信号还包括轻推、用爪子抓以及献上物品。用鼻子轻推是源自幼犬吸吮母亲乳房时的轻推动作。用爪子抓向玩伴邀它们玩耍，也是源自幼犬接受哺乳时的动作。当狗想玩耍时，很可能只是坐着，盯着玩伴，然后用一只前爪在空中向下挥动，仿佛在招手一般。

"献上物品"信号则是逗弄人一起玩耍的方式。想玩耍的狗会咬来一个东西，例如球或树枝，面向玩伴趴下，献上的东西摆在两只前脚中间。当你想把东西捡起来时，狗会立刻张口叼走东西，蹦蹦跳跳跑掉。如果你追它，它就成功了，因为你已经掉入嬉戏模式。如果你停下来，狗会再次献上东西。

有时兴致勃勃的狗（通常是被关了一阵子后被放出来的狗）会做出复杂的跳跃及旋转动作，表示应该开始玩耍了，包括跑步、转身、弹跳、跳跃及左右来回奔跑等动作都会非常夸张，夸张正是其特点。这些动作之间可能还会穿插短暂的"玩耍鞠躬"，想玩的狗会快速做出"玩耍鞠躬"，匆匆做完后，马上再次做出疯狂又引人注意的跳跃奔跑。有时野狼也会运用这种行为来引诱猎物，狼会借着奇异风格的舞蹈动作迷惑其受害者，让自己更容易靠近。 19世纪北美洲的鸭子猎人也采用这个诱惑策略，他们会叫自己的狗，通常是贵宾犬（Poodle），在空旷地方调皮地跳着。野鸭看到这景况会不由自主地靠近，想弄清楚发生了什么事，如此一来就难逃被捕的命运了。这种捕鸭方法称为"敲丧钟"，狗则称为"敲钟者"。犬类鼓动玩耍的动作连鸭子都深受吸引，可见其诱惑力历经演化后变得有多大。

然而有些年轻小狗会因为害怕而不敢和年长大狗一起玩耍。大狗会觉得很受挫，会竭尽全力煽动那些年轻玩伴。在此特殊情况中，大狗采取的策略是"安心表现"。居支配地位的狗会小心翼翼地趴在胆小小狗旁边的地上，然后以完全顺从的姿态翻滚，肚子朝上。这个短暂的低姿态行为让年轻小狗觉得自己的重要性得到提升，从而提起勇气靠近。接着它们就可以开始玩了。当非常大型的成犬想和非常小型的成犬玩耍时，也会出现这种形式的互动。要让小狗安心并开始一连串嬉戏，大狗恭顺服从的姿势相当有效。

对成犬而言，若想玩得好，最重要的是幼年时要与同窝兄弟姊妹尽兴地玩。在生命最初的数个月中，幼犬会有必要学会"假咬"。它们一开始互相摔来摔去时，并不会控制咬的力道，尖锐的利齿会让彼此痛得嗷嗷叫。等它们了解到用力咬会让好玩的混战中断，很快就能学会控制下颌的力道了。如果狗在年幼时曾被隔离，幼犬玩耍阶段被剥夺，等到长大后有时会变成一只麻烦狗。因为没有学会"假咬"，它们会伤到玩伴，因而可能爆发真正的打斗。狗儿们聚集在公园一起玩耍时，这样的狗就成了讨人厌的家伙。

妞妞 photo by POCO ID: 妞爸妞妈

你的狗狗怎么引诱你陪它一起玩耍？

为什么公狗喜欢人家搔抓它的胸部？

一位知名驯犬师在电视节目上说，帮公狗搔抓两腿中间相当重要，结果把摄影棚观众逗得大笑不已。当然，她当时是在谈论抚摸取悦公狗的最佳方式。事实上，友善碰触狗身体可以有七种方式，在我们选择的方式中，还有一些耐人寻味的潜在因素。

搔抓公狗胸部（也就是两只前腿中间的下方）的确会让它非常愉悦，原因并不难理解。公狗骑上母狗并做出骨盆推拉动作时，它的胸部会有节奏地摩擦母狗的背。我们用手摩擦公狗胸部时，会自动唤起它脑海中潜意识的愉悦。因此，当我们想要称赞公狗时，这种特殊触碰方式特别有用。

搔痒或搔抓狗的耳后也会带给它们愉悦。其意义也跟性有关，因为舔、闻及轻咬耳朵也属于犬类求爱的准备动作。

把正想玩耍的狗轻轻推走也会让它非常兴奋，因为我们参与了它的玩耍打架。玩兴正高的狗会立刻再次向前跳，怂恿我们再推一次，而且这个游戏会一直持续，并演变成"咬着玩"，狗会用嘴巴轻轻含住我们的手，或让我们用手抓它的嘴。假如两边的动作都很轻，这种嬉闹互动可增强饲主和狗之间的感情，就像幼犬之间的嬉戏一样。

轻轻拍狗可能是狗与饲主之间最常见的身体碰触方式。轻拍对我们人类具有特殊意义，因为我们和朋友及所爱的人拥抱时，就会用到这个动作。因此，下意识轻拍狗的背部会让我们觉得自己是在与一个亲密的朋友亲切交流。但对狗而言感觉就不一样了。狗并不会互相拍对方的背，那么轻拍背部对它们代表什么意义呢？答案似乎是，它们会把轻拍动作诠释成"轻推"或"嗅闻"，幼犬会如此对待狗妈妈的腹部，地位较低的狗也会如此对待地位较高的狗。因此，这种碰触方式对我们的宠物狗来说一定是很大的奖励。它们会把这种动作解读为我们对它顺从，但它们又知道我们在它们的族群中居支配地位，因此这动作只有一种诠释，那就是"安心表现"。当地位最高的狗想让地位较低的狗安心时，前者有时会以假顺从的姿势靠近后者，让它们放轻松。这应该就是轻拍对我们的狗所代表的含义。

面对长毛狗时，我们有时会将轻拍改成抚摸，仿佛我们对待的是猫而不是狗。这样的动作影响较小，不过温柔抚摸可能会让狗回想起小时候在母亲身边的日子，因为母狗会用大舌头舔舐娇小的幼犬。

儿童特别喜爱抚抱狗，被抱的狗则对此非常宽容。它们心甘情愿接受这种碰触，因为这让它们回想起以前和同窝兄弟姊妹在一起的时光——小时候它们会全部挤成一团，只为了感觉安全和温暖，或者是狗妈妈在窝里蜷起她巨大的身躯，将它们围在中间。

最后，许多狗都喜欢人家摩擦它们的侧脸，尤其是沿着下巴轮廓摩擦。在这种碰触方式中，人类对狗做的是安抚动作，狗也常常自己这么做。如果嘴巴区域有轻微不舒服，特别是牙齿，狗会喜欢用侧脸磨蹭家具的坚硬边角。饲主搔抓或摩擦它们那个部位时，等于是帮狗摩擦脸，它们会因此很感激。

狗们不怎么喜欢从头到脚又洗又刷，但如果是得奖的参展狗，就得咬牙忍耐了。狗永远无法理解马怎么会喜欢洗澡和梳理毛发。在犬类社交生活中，梳洗打扮并不重要。但是因为狗在家里地位较低，因此别无选择，只好坚毅强忍，就像是遭到居支配地位的狗欺凌一样。有这样合作又友善的物种作为最亲密的伙伴，人类真的非常幸运。

小·丢 photo by POCO ID: 鱼婆

试一试本节中提到的动作，哪些会让你的狗狗感到愉悦？

顺从的狗会有哪些行为？

简单的答案是：就像幼犬一样。在许多动物物种中，柔弱的成兽遭到居支配地位的个体威胁时，会装出幼兽的姿态，或做出婴幼儿般的动作。若它们缺乏对抗威胁的勇气，也不敢冒险抗争，就会做出像举白旗投降一样的举动。此时的重点是要找出能够熄灭攻击者敌意的动作。要达到此目的，一个方式是采取与威胁表现相反的姿势。如果在某个物种中进犯者是低下头准备往前冲，那么地位低的一方就会把头抬起来；如果另一个物种中进犯者是抬起头让自己看起来体型变大，地位较低的一方就会温顺地把头放低；如果进犯者将毛发竖直，地位低的就会压平毛发；如果进犯者高高站起，地位低的就会蹲伏下去，以此类推。不过，这只是动物的一种缓兵之计。

第二种解决之道是唤起进犯者心中足以与敌意相冲突的心情，进而压制敌意。攻击同物种的幼兽通常是成兽很大的禁忌，因此成犬突然模仿起幼犬的行为，很可能可以避免被袭击。

狗可以使用两种手段，一个是用在"被动顺从"时，另一个则用在"主动顺从"时。在被动行为中，柔弱的狗毫无选择余地。进犯者接近且有所威胁时，地位较低的狗会蹲低，尽可能让自己显得小只。如果这一招无法阻止攻击，接着它会在地上翻过去，肚子朝上，脚爪软趴趴地停在空中，摆出这个姿势时还可能喷出一点点尿液。这一连串动作是模仿小幼犬在狗妈妈靠近舔它们刺激排尿时的行为。(幼犬只有几天大时不会自行排尿。母狗必须用鼻子将它们翻过来，重复舔它们的腹部以刺激排尿。)顺从的成犬自愿摆出这样的姿势，传达出犬类身体语言中最有力的婴幼儿信号。而且这姿势仿佛有魔法，通常都能成功使进犯者的敌意烟消云散。

"主动顺从"则需要不同的策略。如果柔弱的狗希望靠近居支配地位的狗，就不能肚子朝上躺着。它必须另谋缓兵之计，表示自己毫无敌意。为了达到这个目的，它会采取幼犬对年长的狗所做的另一个动作。此动作的最佳描述是"蹲伏舔脸"。当幼犬一个月大时，它们会开始向成犬乞讨食物，其动作是尽力举高口鼻，并用鼻子摩擦成犬的嘴巴。它们会舔成犬的脸，轻推它的头，直到它吐出几口食物为止。"主动顺从"遵循着一模一样的模式。但此时有一个问题，地位较低的狗几乎跟支配地位的狗体型一样，如果它贸然靠近最上位的狗并舔它的脸，动作会显得太嚣张。为了避免这一点，它会蹲低身体呈半蹲姿态，让自己成为适当的"幼犬等级"，然后就可以抬起头，并移向支配地位的狗的嘴巴。借着这动作，它重现了必要的婴幼儿姿态。

地位较低的狗采取婴幼儿乞讨食物的姿势之后，就可以靠近社交团体中任何一只狗，而且毫无受攻击的风险。如此一来狗就能彼此靠近，不会反复爆发争斗了。

旺财 photo by hinabook

当你对狗狗表现出敌意时,它会有怎样的反应?

斗败的狗会露出喉咙向攻击者投降吗？

不，并不会。之所以会有人问这个问题，其原因是著名的奥地利博物学家康拉德·劳伦兹（Konrad Lorenz）曾做过大量观察，发现残暴攻击的狼（或狗）在打败对手后，正准备咬死对方时，虚弱的对手会迅速扭头，露出喉咙弱点。颈静脉会暴露在攻击者的巨大獠牙下，故意任由攻击者摆布。攻击者旋即接受犬类版本的"扔毛巾"或"举白旗"投降，停止凶猛的咬击，并深具骑士风度地接受投降。这般绅士行为深深感动了劳伦兹，并为其发展出整套理论。

不幸的是，这个理论完全误解了犬类行为。劳伦兹看到其中一只动物将头转开并僵硬地站着，而另一只则边闻边咬着对方的口鼻部位。他假定正在咬的那只是居支配地位的攻击者，它想要咬另一只，却因为对方"露出弱点"而作罢。事实上两者的角色恰好相反，张嘴咬的那只地位较低，它正做出主动顺从的行为（此行为是借自幼犬试图说服父母吐出食物的乞讨动作）。僵硬地把头转开的那只则是居支配地位，它正对对方的顺从做出轻蔑的响应。

犬类的打斗很少是认真的，而在极罕见的认真场合中，完全没有"露出喉咙"的情况。败犬的唯一希望是尽可能逃得更快、更远，否则只可能是死路一条。年轻公狗会因此被野狗（或野狼）驱逐，它们挑战居支配地位的狗落败后，必须离开群体并努力自求生存，或加入来自其他群体的被驱逐者，形成新的群体。

对于生活在家里的宠物狗而言，犬类这些暴力面向没有多大意义。在家犬眼中，地位最高的狗是饲主，而且饲主的支配地位太高，根本无从抗争。因此，宠物狗的生活就是友善地服从、和平与宁静……直到邮差来临。邮差是陌生人，被视为另一个群体的成员，理当即刻挺身盘查。如果邮差不幸碰巧读过劳伦兹的著作，并对着一路追他的狗献上自己的脖子，结果一定会令他大为惊骇。

妞妞 photo by POCO ID: 妞爸妮妈

在争斗中落败时,你的狗狗会乖乖投降吗?

为什么受惊吓的狗会将尾巴夹在两条后腿之间？

每个人都知道这个尾巴姿势的意义，但这个姿势为什么会在狗的身体语言中演化成这个特殊角色呢？为什么尾巴朝下与害怕、不安全、下属关系、平息怒气以及地位低下的表现有关，而尾巴朝上则是优势及较高地位的表现？

答案并不在尾巴本身，而是在尾巴底下的东西。当畏缩的狗垂下尾巴，然后紧紧卷在两只后腿之间时，它有效切断了肛门区域的气味信号。当两只地位高的狗相遇时，它们会得意洋洋地举高尾巴，露出肛门区域以供近距离探查。由于肛门腺带可识别每一只狗的个体气味，因此犬类"夹着尾巴"的动作就等同于惶惶不安的人把脸遮起来。

对于单独住在人类家庭的宠物狗而言，这个动作没有多大必要。但是在狗的社交群体中，相对地位与阶级很重要。在这些场合中，"夹着尾巴"是极重要的信号，可保护群体中的柔弱成员免受地位较高的狗攻击。当然，这个动作在野狼社会中更为重要。我们可以观察到，地位较低的狼在靠近居支配地位的狼时会垂下尾巴，当它们近距离经过地位最高的狼时，则会将尾巴紧紧缩在两条后腿之间，等到走出一定范围之外，尾巴会再次举高。

关于狗的尾巴动作，在家犬与其野生祖先（狼）之间有个耐人寻味的差异。在所有狼的尾巴上有一个特殊的"尾前腺"，看起来像个黑点，位置在尾巴底部距末端约7.6厘米之处（狗身上则没有）。这个小小的皮肤腺体四周环绕着尖端是黑色的硬毛，它由一组变异的皮脂腺组成，会释放出油脂分泌物。尾前腺与肛门腺一样，都能释放气味信号，而且其位置位于尾巴外侧这一点具有重要意义，它提供了一个让其他狼嗅闻气味的位置，就像虚拟的肛门区域一样。当狼靠近伙伴要闻对方的臀部时，如果尾巴举高，就会闻到一种气味腺体（肛门腺）；如果尾巴朝下，就会在同一个位置闻到另一个腺体（尾前腺）。这表示，狼的气味信号系统远比家犬的复杂许多。

至于狗为什么失去了尾巴腺体信号，目前毫无解答。狗在过去10,000年的演化过程中，除了失去尾巴腺体以外的其他改变，都是人类饲育者为了改善某些特性而选择的，最后成就了今日我们看到的众多品种。不过，直到最近才有人讨论狼的尾巴腺体功能，因此在过去几个世纪中，它几乎不可能成为育种的重点。然而狗的尾巴腺体应该在相当早的阶段就已消失，因为在所有品种的狗身上似乎都遍寻不着。这是狗与狼的差异，迄今都还是无解之谜。

关于狗与狼举高尾巴和垂下尾巴动作还有最后一个重点，虽然主要功能无疑是要改变气味信号，但是次要功能，即视觉信息，也很重要。任何动物从远距离观察两只狼或狗碰面，只要看一眼轮廓剪影，就知道哪一只是居支配地位，哪一只地位较低。而且也只要一瞥，就可以知道其中地位关系是否有改变，较弱的那只最终是否会开始挑战较强的那只。

小丢 photo by POCO ID：鱼婆

你的狗狗受到惊吓时会有怎样的表现？

"地位最高的狗"会有哪些行为？

饲主从他们的狗身上看到的大多数行为都是友善或顺从，那是因为"群体"中真正居支配地位的是人类。但是在好几只狗生活在一起的场合中，就可以观察到"地位最高的狗"如何对待下属。

如果有其他狗挑战资深狗的支配地位，资深狗会表现出威胁，试着在不诉诸武力的情况下压制傲慢小子的气焰。基本上，该表现会传达两件事：让居支配地位的狗外形看起来更大也更强壮，其次会显示出它正急切地准备展开攻击（如果有此必要）。通常这就足以吓退对手。

这个威胁表现由十个要素构成，每一个要素都对敌人传达了特殊信息：

1.上嘴唇往上提，下嘴唇往下拉，露出牙齿。这个动作会露出犬齿和门牙，表示威胁的狗已准备好将利齿深深插入敌人身上。

2.嘴巴张开，表示狗已经准备好用嘴紧紧咬下。

3.嘴角向前移动。在友善、想玩且顺从的狗的脸部表情上，其嘴角会向后咧向耳朵；嘴角前移则恰恰相反。这个威胁表现的要素清楚表示，现在这只狗既不友善，也不想玩，更不会顺从。

4.耳朵竖直并朝向前方。即使是耳朵下垂的品种也会努力装出这个姿势，告诉敌人这只狗目前已完全警戒，专心聆听任何泄漏出恐惧或进犯意图的声音。这动作也表现出攻击者自信十足，根本不需要压平耳朵加以保护。

以上是威胁的脸部表情要素，而身体其他部位也会传达信息：

5.尾巴高高举起，与顺从的"夹着尾巴"姿势不同。高举尾巴的姿势会露出带有特殊气味的肛门区域，那些气味是狗的身份识别标记（而尾巴朝下的狗则试图隐藏身份）。通过气味，它让柔弱的狗清楚地知道自己正在跟谁打交道。

表现出威胁的狗也会尽可能让自己的身体看起来很巨大：

6.狗的肩膀、背部及臀部周围有一些特殊区域，可使毛发直立。如果要作出最强烈的威胁，这些鬃毛会一起竖直。
7.四只腿会完全伸直，整个身体顿时看起来更魁伟、有力、令人敬畏。
8.加上强烈且坚定的瞪眼，加大威胁效果。
9.发出深沉低鸣的嗥叫。
10.身体紧绷到连尾巴都颤抖（尾巴依然维持竖直）。

这个令人害怕的模样已足以让大多数对手退缩溜走。当支配地位的狗觉得确实有其他狗挑战它的崇高地位时，它就会在对抗中采取上述表现。不过在其他气氛比较轻松的时刻，支配地位的狗偶尔会采用其他类型表现，提醒其他狗别忘了它的力量。其中一种是"舷侧仪式"，当较柔弱的狗站着或躺着时，它会故意挡在对方面前。地位最高的狗会横挡在地位较低的狗前面，犹如企图挡住路似的，僵硬地停在原地一段时间，长到足以传递一个信息："你的移动受我控制"。它也可能做出"后骑仪式"，也就是用后脚站立，并将前脚放在地位较低的狗的背部或肩膀。这原本是骑到对方身上交配的第一个动作，但在此处完全没有性含意，在犬类语言中等同于"去你的"。

居支配地位的狗要让下属知道谁才是老大的方法还包括"扑跳威胁"和"埋伏威胁"。前者,狗会假意要扑向敌人,但不会真的扑到对方身上。后者,狗会蹲伏下来,好像在埋伏,却是在对手可以清楚看见的明显位置。在这两种情况中,地位较低的狗很快就能了解信息并做出相应的反应。

以上这些不同的威胁表现都是要提醒地位较低的狗,别忘了地位最高的狗是高高在上的。不过,如果一群狗生活在一起,地位最高的狗倒不需要经常做出这些行为。事实上,群体中狗的关系大部分非常有组织且友好。当一个物种成功演化的关键在于合作狩猎时,地位最高的狗(或地位最高的狼)不会太专横。

笨笨和Visa photo by POCO ID: @门可罗雀

试着判断一下,你的狗狗在家附近的狗群体中处于怎样的地位?

狗为什么要埋骨头？

为了了解为什么家犬有时会埋骨头，我们必须看一下野狼的狩猎方式。只需顾好自己肚皮的孤狼猎捕的是小型猎物（例如老鼠），它们会偷偷摸摸靠近、追捕及扑抓，扑抓动作是用前脚困住猎物，然后抓着猎物快速咬几下，接着迅速狼吞虎咽。对于稍大一点的猎物（例如兔子），也是用同样方式猎捕。如果这般大小的猎物难以制服，它们会使劲摇晃猎物，不过通常只需咬几下就足以制服。对付中型动物（例如绵羊或小鹿）则是施展咬喉技宰杀，只要几秒就可致死。针对上述所有食物（从老鼠到绵羊），都不需要以掩埋方式储存。即使是小鹿，只要几匹狼就可以迅速吃干抹净。成狼单单一餐就可以吞下9千克肉，一天24小时可以吃进20千克肉。

只有非常大型的猎物（例如大鹿、牛或马），狼才会留下可观的剩余食物。即使是这种情况，狼吃饱后通常只会把残骸留在原地，晚一点再回来吃。不过如果狼群规模很小，只由几只成狼组成，它们就会撕下大块的肉并埋在土里保存，如此可防止食物遭到食腐动物染指，尤其是乌鸦、渡鸦及秃鹰之类的鸟类。在炎热夏季，这个方法也可以防止引来苍蝇和蛆。一般来说，埋食物的地点会在猎杀地点附近，但有时候狼也会将肉块带回巢穴藏好。

埋食物的动作包括用前脚挖洞，同时嘴巴紧紧咬着肉块。等到挖的洞够大，狼只要张开嘴让肉块掉进洞里去就好。然后它会用口鼻将土推回埋藏处。狼跟猫不一样，不会用前脚填好刚挖好的洞。盖好坑洞后，狼会用口鼻按压几下，接着就闲晃离开。翌日它会回到原处，用前脚把肉挖出来，张嘴咬住，用力甩一下贮藏物上粘着的泥沙，接着就安坐着大快朵颐。

让我们回到家犬身上，现在我们很容易就可以了解哪些条件会促使它埋食物了。首先，食物必须有剩。饥饿的狗会像狼祖先一样全部吃光。只有在吃不下、有剩余的情况下，狗才会将食物带回花园埋起来。至于市售的狗食，就算是饲主喂太多，也没有办法带出去，更别提边含着边挖洞了。因此，以碗装软质食物为食的狗根本没有埋东西的机会。不过，当有人赏给大骨头时，狗总算有东西可以带去埋在洞中了。

骨头之所以成为热门掩埋物品，是因为即使没有喂太多食物给狗，而且狗也没有真正的剩余食物时，咬碎来吃的大骨头本身具有"无法立即食用"的基本特性。就是这个"剩饭"特性让狗就算肚子饿也要埋起来。

我们可以观察到，有些以软质食物为食且食物过多的宠物狗会做出从埋骨头动作残存下来的奇怪行为。它们知道吃不完的剩饭还是很美味，但就是不饿，因此它们会尝试将整碗食物埋在房间角落。这不能算是完全的掩埋动作。通常狗仅仅用鼻子"掩盖"，这样的动作往往只是在地板上推着碗走，但毫无其他效果，而且狗很快就会放弃了。狗其实是在告诉饲主，食物太多了。它们会"储存食物，以后有机会再吃"，而不会把食物留给幻想中的食腐动物。

奇奇 photo by POCO ID：海菲菲

 你的狗狗有把食物偷偷藏起来的习惯吗？

狗多久吃一餐？

大多数的狗饲主每天喂狗两次，假设其食物有变化且不全是肉，再加上饮水，这样便足以维持狗的健康。野生狗和狼在把草食性猎物的内脏狼吞虎咽下肚时，也吃下了一定量的植物，家犬也有类似的营养需求。但最近出现了喂宠物狗吃全素食物的趋势，这比吃全肉的饮食还糟。狗和人类一样是杂食性动物，同样也需要均衡的饮食。

有些饲主有个奇怪想法，他们的狗每周必须禁食一天。此断食养生法的根据是，野生环境中的狼可以在毫无食物的状况下存活相当长的时间，迄今有记录的是在恶劣环境下可以十四天不进食。如果终于猎杀到大型猎物，紧接在断食之后的就是一顿狼吞虎咽的大餐和快速消化。由于自然状态下有这样的进食模式，因此有人认为这是比较好的饮食方式。但事实并非如此。在猎物充足的丰饶环境中，狼每天会吃好几餐。虽然它们用前述的狼吞虎咽方式可以存活，但这并不能被当作家犬喂食养生法的圭臬。

值得注意的是，在人类的远古狩猎时期，我们的古代祖先大多都有着"狂吃与断食"的饮食方式。现今我们虽然可以回到那样的饮食模式而不至于害死自己，但是一天吃数餐可以活得更好，对狗而言也是如此。

小丢 photo by POCO ID：鱼婆

你的狗狗一天吃几餐？
晒一晒你最得意的一道狗食菜谱吧！

为什么牧羊犬擅长赶羊？

在电视播出的牧羊犬考验中，牧羊人及其爱犬的惊人技巧掳获了许多观众的心。人狗之间的关系简直不可思议，几乎可说是有心电感应。虽然牧羊犬的表现真的很厉害，但就犬类狩猎行为而言却很容易解释。牧羊犬只不过是施展了从狼祖先遗传下来的本能，并将古老狩猎模式修改得适合牧羊人的需求而已。我们只要看一下狼群潜近猎物的行为方式，就更清楚了。

被狼群包围的经验令人难以忘怀。当狼群散开成扇形将你团团围住时，会有一股阴森森的感觉，就算你从它们幼时就跟它们熟识，就算狼群被喂得很饱也是如此。你可以体会到被猎捕的鹿即将送命的感觉，同时也瞬间了解到，牧羊犬赶羊群的动作有什么目的。牧羊犬跑来跑去时，其实是一只狗在扮演一群狼的角色。牧羊犬没有什么优势，因为跟一只猎物面对一整群掠食动物不同，它是单独一只掠食动物面对整群猎物。可怜的牧羊犬必须完成十只狼的工作，这耗费体力的工作让它精疲力竭，难怪这些技艺惊人的狗会比其他品种早死。

牧羊犬之所以要把自己逼到极限，是因为当它们在某个位置趴下，用稳定的表情盯着羊时，马上就会发现，虽然它想营造狼式恐怖氛围，但左边没有狼，右边也没有！它得靠一己之力达成原始的包围模式。因此它只好跑一跑，趴下，跑一跑，趴下，用这种方式努力一口气完成整个狼的包围圈。脑袋里的狼本能让它无法退而求其次。

它们执行的狩猎策略是以四个天生"指令"为基础。第一条：当你挑出一只猎物时，必须靠近它到跟团队伙伴靠近猎物差不多相同的距离。第二条：你所在的位置跟左侧狼的距离必须与右侧狼等距。这两条规则合在一起，就形成围在猎物四周的狼包围圈。如果你看过狼群在你四周围成一圈，就会明白这两个规则如何相互作用。当狼群第一眼看到你并开始向前移动时，可能是非常紧密集结在一起的一群。接着，当狼群逼近时，每一只狼会与最近的伙伴分开，并继续各自散开，但会与你保持一定的距离。由此可见，虽然包围动作看似精准又复杂，其实只是很简单的移动调度。对牧羊犬来说，当它围着羊群从一个位置冲刺到另一个位置时，它会设定自己与羊群之间的"关键距离"，然后开始一个接一个填满各个不在场伙伴的不同岗位。

狼群狩猎的第三个特色是埋伏的要素。狼群在包围时，其中一只狼会自行离开，躲着猎物。它会趴在地上，等待其他的狼慢慢将被包围的受害者逼向它的位置。这个埋伏的精湛技巧也出现在牧羊犬的战略中。有时它会跑一跑然后趴下，放低身体靠近地面，仿佛躲起来似的，注视着羊群，此刻，它就是埋伏者。但是当羊群移动时，它必须立刻再次化身为整个狼包围圈。

关于狼的狩猎，最后也是最重要的一点是狼群中居支配地位的成员角色，"地位最高的狼"会发动各种行动，并决定挑选哪一只猎物。其他的狼会密切注意它的行为并遵从其领导，如此可以避免因意见不一而彻底摧毁狩猎的效率。对牧羊犬而言，牧羊人就是"最上位的狼"，因此当他下达操控羊群的决定时，就必须迅速接受指令。

牧羊人给牧羊犬的明确指令有十个，如下所述：

1. 停！（无论正在做什么，都暂停。）
2. 趴下！（采取埋伏位置，保持安静并在地上不动，面对羊群瞪着它们。）
3. 去左边！（移到羊群左侧，如果重复指令，则继续以该方向绕着羊群跑。）
4. 去右边！（同上，但是以相反方向。）
5. 过来！（不论在哪里，过来牧羊人这边。）

6. 跟上！（不论羊群在哪里，靠羊群近一点。）

7. 退后！（退后离开羊群。）

8. 等等！（不论在做什么都等一下。）

9. 快！（不论在做什么都快一点。）

10. 可以了！（离开羊群，回到牧羊人身边。）

牧羊人借着这十个指令，使用狗的狼狩猎模式，就可以创造出他需要牧羊犬执行的所有精巧且看似复杂的动作。他传达指令的方式混合了口哨、口头呼喊以及手臂的视觉信号。

有趣的是，牧羊人要教会牧羊犬执行的事情当中，最困难的调动是将羊群驱离牧羊人身边。这个动作与狼群狩猎的本质背道而驰，因为在自然、野生的情况下，居支配地位的狼（牧羊人）绝不会要求下属将猎物赶离身边。不过就算是这样的任务，牧羊犬依然办得到，因为它们完全服从主人。

偶尔会有不称职的牧羊犬冲进羊群开始咬羊的腿，就像以团队方式攻击一样，不过这相当罕见。选择性培育演化出某种类型的狗（其中以边境牧羊犬最知名），这种狗具有内建的抵抗机制，会拒绝从初步的潜近动作进行到狩猎的下个阶段，亦即攻击和猎杀。

勒勒 photo by 尚可

你有过跟狗狗心电感应的经历吗?

为什么指示犬会指出猎物所在？

"指示犬"是一种特化的寻捕猎犬，以嗅觉猎捕。当它察觉到躲藏起来的猎物时，会在猎捕路线上定住不动，并采取古怪的"指示"姿势：头部放低，颈部向前伸展，尾巴在身后呈水平姿势僵硬伸直，其中一只前脚举在半空中（仿佛愣住了般），全身僵直站着，就像一尊狗雕像。指示犬会维持这个姿势很长的时间。只有轻微的发抖或颤动（尤其是尾巴），显露出它极端兴奋和动作紧绷。

有人声称，曾有一只指示犬维持这个姿势达数小时之久。不过在一般狩猎情况下，当猎物从掩蔽处逃出，指示犬的人类伙伴对猎物开枪时，马上就破除了它的姿势魔咒。如此便将它从其指示点上解除禁锢，再次恢复嗅觉追踪的任务。

有时一个团队里会有两只指示犬。如果只有一只，就只能通过指示点的角度来显示猎物隐藏的方向，但无法指出距离。如果有两只指示犬，分别从不同方向指出同一只猎物时，就能为猎人提供坐标，指出方向和距离，并且精确指出不幸受害者的准确位置。

指示犬在狩猎中的行为似乎相当不自然，其实并非如此。当狼一开始嗅到猎物时，领头的狼会在行进路线上定住不动，并僵硬地指向气味方向。其他成员会跟着做，试着捕捉气味。此时会有一个停顿，直到所有狼全都注视着气味方向，才会展开狩猎的下一个阶段。狼的停顿正是指示犬的动作。在狗的例子中唯一奇怪的地方是狗延长"定住不动"时间的方式。品种特化的地方是延长这个动作的时间，而不是指示方向的动作。

"蹲猎犬"指示猎物的方式一开始与指示犬相同，唯一的差异在于，当它们闻到隐藏猎物时会坐下，并在坐下的位置保持指向前方不动。蹲猎犬的英文Setter是"坐下者"英文Sitter的旧式说法。

蹲猎犬从狼的埋伏战术借来的动作比从其指示动作中借来的多。狼的狩猎过程中有一个阶段，其时，某一只狼会绕着圆圈然后趴下躲藏，等候猎物被逼近它的方向。蹲猎犬显然是"放大"了狼这个狩猎过程的要素，并成为其品种特性。

"寻回犬"会在猎人射杀猎物后冲出去，将猎物带回给人类伙伴，这些动作也是从狼群狩猎中借鉴而来的。野生狼群会将食物带回巢穴给生产的母狼，或给年纪太小而无法参与狩猎的幼狼。历代的狗育种者就是利用这个食物分享天性，繁殖出无私地帮助人类取回猎物的现代猎犬。

最受欢迎的狗游戏——让狗狗叼回丢出去的树枝或球，也是源于将食物带回巢穴的动作。

妞妞 photo by POCO ID：妞爸妮妈

你的狗狗喜欢玩什么游戏？

狗为什么要吃草？

虽然狗和猫都是肉食性动物，但有时候也会到花园嚼青草茎。通常它们会吞下少许，而且似乎对茎流出的汁液比对固体的植物物质更有兴趣。就猫而言，有关此行为的最新解释是它们在寻找肉类饮食以外的重要维生素，这种维生素是叶酸，而且正如其名，可在叶子中取得。这个解释对狗来说可能也成立，但还有另一种可能的解释。

有些狗饲主发现，当他们的宠物狗跑到草皮上咀嚼青草后，接着会有一段时间胃不舒服，消化系统不适。狗吃了青草后，常常会在回到家里时就把刚吃的青草全吐出来。有人说，这表示狗的饮食中需要摄取更多粗食，而且就是因为缺乏粗食，刚开始吃才会引发不适。他们声称，吃到不适当的青草只会让情况雪上加霜并导致呕吐。

另一个说法是狗其实想让自己呕吐，于是出于本能吃下无法消化的青草当催吐剂。这似乎是最不可能的解答，因为狗很容易呕吐。

Coffee小狗 photo by POCO ID: GARY CHAN

你家中的绿植会经常遭到狗狗的破坏吗?

狗的视力有多好？

狗的视力很好，但在许多方面与我们大不相同。曾经有许多年的时间，人们相信狗是色盲，活在一个全然黑白的世界里。现在已知事实并非如此，不过色彩对狗而言并不特别重要。就眼睛视网膜上杆状细胞和锥状细胞的比例来说，狗的杆状细胞比人类多出许多。在昏暗光线下，杆状细胞有利于黑白视力，而锥状细胞则用于彩色视力。因此，"杆状细胞丰富"的狗眼睛特别适应主要活动时段集中在黎明和黄昏的日常周期，这样的周期称为"晨昏性节律"（Crepuscular Rhythm），也是大多数哺乳动物的典型模式。人类则属于不寻常的昼行性节律，因此就视力而言，人类不算是典型的哺乳动物。

狗眼睛里有少量的锥状细胞，它们虽然不会像人类一样沉迷于缤纷色彩的刺激，但在犬类的视野中，至少可以看到某种程度的色彩。正如伟大的眼科专家戈登·威尔士（Gordon Walls）极具说服力的说法："对任何这类杆状细胞丰富的半夜行动物（例如狗）而言，最丰富的光谱光充其量只会显示为不确定本体的细腻柔和色调。"确实如此，不过柔和色调也比什么都没有要好。和犬类伙伴在乡间漫步时，我们会很高兴与它们一起欣赏、共享某些程度的色彩。

在昏暗光线下，狗比我们占优势。它们的眼睛后方有一个称为"脉络膜层"（tapetum lucidum）的反光层，其作用宛如一个影像加强装置，可以让狗更充分地利用环境中的细微亮度。狗跟猫一样（猫也有相同装置），这个反光层会让它们的眼睛在黑暗中闪烁。

我们和狗的眼睛还有另一个相异处：它们对动态较敏感，对细节较不敏感。对狗而言，如果远处有个东西一段时间保持不动，差不多就会变隐形了。这正是许多种猎物在惊恐但尚未逃跑之前会保持静止不动的原因。过去曾有实验证明，如果狗饲主在约274米以外的地方保持不动，狗就会找不到饲主。另一方面，如果牧羊人站在1600米远的地方做出明显的手部信号，牧羊犬还是可以清楚看见。在野狗狩猎的长距离追逐中，动态的敏感度肯定至关紧要。当猎物逃跑时，狗的眼睛会发挥出最高效能。

狗在狩猎时还有一个辅助，那就是它们的视野比较宽。譬如格雷伊猎犬之类的窄头品种，其眼睛视觉范围有270°。比较常见的狗，其视觉范围有250°。扁脸狗的视觉范围稍小一点。不过所有狗的视觉范围都比人类宽，人类的视觉范围只有180°。虽然这表示狗可以在较宽的视野中察觉到细微动作，但其代价是双眼视觉（binocular vision）的范围较窄，它们的双眼视觉范围只有我们的一半宽，因此我们判断距离的能力比它们好。

snow photo by 许骁

试着站在离狗狗300米远的地方，看它还能认出你吗？

狗的听力有多好？

狗的低音听力和我们差不多。不过在高音方面，狗比我们优秀。人类年少时听觉的高音上限约为30,000赫兹，壮年时降为20,000赫兹，届退休年龄时则只到12,000赫兹。根据俄罗斯的研究，狗的听力上限为35,000~40,000赫兹，甚至可高达100,000赫兹。

这样的听力让狗能够听到对我们而言属于超音波的声音。当狗突然竖起耳朵并开始警戒，可能是听到啮齿目动物或蝙蝠发出的高音尖叫，而那些声音我们完全听不到。家犬之所以演化出如此敏感的听觉，显然与它们祖先的狩猎需求有关，这样的听力可让它们听到老鼠及其他小型猎物的位置和行踪。

这个与狩猎有关的进化对现今宠物狗有一个副作用，它们会对细微迹象产生反应，使其行为简直就像有心电感应。最为人熟知的例子就是宠物狗可以在主人下班快到家时就先知道了。远在家中其他人听到任何不寻常声音之前，狗就已经起身并开始警戒，焦急地在门口等着迎接。如果主人是走路回家，狗可以听出他特别的走路风格，并从街上的脚步声中分辨出来。如果主人是开车回家，狗可以从路上经过的所有车子中分辨出自己家车子的声音。

这些反应看似难以置信，那么下列事实应该会更让你惊讶：野生环境中的狼可以听到至少6.4公里远的吼叫。

贝尔 photo by POCO ID：肖顺明

你的狗狗能分辨出自家人的脚步声吗？

狗的鼻子有多灵敏？

在充满各式各样气味的世界里，人类属于低等动物。每一只狗都可以敏锐地感知到所有气味范围，人类要理解那样的灵敏度，就如同狗要理解高等数学一般。我们很难用简单方法来描述狗在这方面的优异之处。有些作者曾说，狗对气味的侦测能力比我们厉害一百倍，有些人甚至说是一百万倍，还有人严肃地宣称其倍数达一亿倍之多。事实上，两者的比较只能就特定的化学物质而论。对于某些种类的味道，狗的嗅觉只比人类好一点点，因为那些味道对狗没有意义，例如花的香味。但是对于其他物质，例如汗水中的丁酸，实验证明狗的侦测能力无疑比人类优异至少一百万倍。

有关狗对汗水侦测能力的例子不仅令人钦佩，更令人惊叹。有一个鹅卵石丢掷实验，实验时请六个人分别捡起鹅卵石并尽量丢得越远越好。接着由一只狗嗅闻其中一个人的手，然后它成功找到并咬回那个人丢的鹅卵石。只不过是握着鹅卵石一段时间然后丢出去，那个人就已经留下了足够的汗水，让狗鼻子能够找到。更令人惊奇的是载玻片实验。在这个实验中，一个人用指尖短暂碰触一组载玻片的其中一片，然后将所有载玻片小心移到他处放置六周。等到再次取出所有载玻片实验时，参加实验的狗还是能够找出曾被碰过的那一片载玻片。

狗鼻子似乎更容易侦测到人的脚汗。寻血猎犬可以追踪四天前留下的足迹并跟踪到约161公里之远。对狗而言，人的脚味很强烈，即使是许多人穿着鞋子踩过的地方，狗依然可以辨别出不同个人的脚。

由于狗鼻子拥有两亿两千万个嗅觉细胞（人类只有五百万个），因此人类在许多侦测领域上都会求助于犬类，有些领域显而易见，有些则否。我们都知道寻血猎犬曾经被用来追踪及搜寻逃跑的奴隶，后来则用来追踪逃亡罪犯。但很少人知道，曾有人用狗来分辨双胞胎是同卵双胞胎或异卵双胞胎。由于人类的个人气味是基因遗传，因此同卵双胞胎具有一模一样的体味，连狗也无法分辨。异卵双胞胎的体味则不相同，狗可以轻易分辨出来。

犬类鼻子能胜任的工作还包括寻找松露、侦测毒品、搜索炸弹，以及搜救埋在雪中的雪崩受难者。大麻、可卡因及海洛因这三种毒品的气味都相当独特，就算走私犯将毒品小心翼翼地密封在物品中，狗还是能够嗅出来。毒贩努力把露出马脚的味道掩盖起来的事件时有耳闻。但就算在毒品四周摆满强烈的香水、香料、烟草、洋葱或樟脑丸，都无法蒙骗缉毒小组中经过特殊训练的狗。炸弹处理小组训练的狗则可以轻易侦测到火药的硫黄味或硝酸甘油的酸味。只要是跟分辨怪异气味有关，狗鼻子远比人类制造的任何机器还灵。

在演化过程中发展出如此惊人的嗅觉能力，无疑是为了侦测远方的猎物气味。有人观察到，狼在顺风下可以侦测到2.4公里远的鹿的气味。一旦狼群嗅到鹿味，会立即在行进中停止不动，并用身体直接指向猎物的方向。僵直站立一阵子，确认了味道之后，狼会聚集在一起，鼻子碰鼻子，尾巴兴奋地摇动。然后在10～15秒之后便出发往鹿的方向前进，狩猎于是展开。对于这类动物，尤其是住在冰天雪地的北方动物，敏锐的嗅觉可以攸关生死。我们的家犬正是遗传到这项出色的能力。

乖虎 photo by moon

观察一下,狗狗敏锐的嗅觉都体现在哪些方面?

为什么狗有时会在肮脏的地方打滚？

有一种犬类活动会让挑剔的饲主苦恼不已：他们的宠物有时会冲进有恶臭的东西里，仿佛没人要似的在上面打滚。打滚的地方可能是在乡间散步时偶然发现的腐烂动物尸体，或者是一坨牛粪或马粪。有人认为，这意味着狗试图用自己的气味盖掉竞争者的味道。这个解释源于有人观察到，当某只狗抬起脚并在气味柱状物上留下尿液"标记"后，后来经过的狗一定也会抬起脚，并在相同位置撒尿，盖掉前一只狗的气味。

然而这个解释有瑕疵。磨蹭物体所留下的个体气味，远比撒尿或排便留下的气味微弱许多。狗选择在上面打滚的恶臭物体本身就具有特别强烈的气味，如果该动作的功用是要盖掉那气味，应该用大量的尿液和排泄物才会产生更强的气味，但是从来没有人观察到这样的反应。由此可见，打滚的狗并不是想要盖掉那东西的强烈气味，因此必须寻求其他的解释。

最有可能的解答是，狗并不是为了在物体上留下自己的味道，而是恰恰相反。借着在牛粪或其他动物（例如马或鹿）的恶臭粪便上打滚，狗在自己的毛皮上覆盖了异种气味。如此一来便为它提供了绝佳伪装，以便猎捕同样气味的动物。就算是发出恶臭的动物尸体，虽然与"猎物气味"较不相像，还是能减少狗身上的掠食性气味。

另一个解释则是把"增加身上的气味"视为向狗社会团体成员传递信息的方

式。当狗在侦察行动中发现潜在猎物的粪便时，就会在上面打滚，这样等它回到其他狗身边时，就可以将珍贵的发现告诉同伴，从而发动集体狩猎。当狗用粪便将气味加在身上时，狗朋友确实会对它产生莫大兴趣（人类朋友就没那么有兴趣了），它们会围在它四周，死命嗅闻它，读取这些兴奋的新气味信号。但是在野生环境下，这是否真的会立即引发狩猎行为则仍属未知。

事实上在实验室的实验中，狗会在各式各样有强烈气味的东西上打滚，包括柠檬皮、香水、烟草和腐败垃圾，伪装理论及发动狩猎理论在这一点的解释上都显薄弱。另一个解释是，当狗碰到味道非常强烈的东西时，不论其特殊性质为何，都会进入气味入迷状态。这个说法既难以证明，也难以反驳，因此没什么价值。但值得注意的是，在野生环境中最可能碰到的强烈气味是猎物的粪堆。在真正的荒野上，动物尸体不太可能摆到腐烂发臭，老早就被狼吞虎咽下肚了。至于其他东西（例如香水和烟草），远古的犬类祖先根本碰也碰不到。由此可见，现代狗对那些东西的反应可能与生存没什么关系。

笨笨和Visa photo by POCO ID: @门可罗雀

为了闻某样东西八匹马都拉不回来？
你的狗狗有这样的"气味入迷"经历吗？

为什么狗有时会用屁股摩擦地面？

有人认为这是正常的标记气味行为，在此动作中，狗会在地上留下肛门腺分泌物。许多肉食性动物的肛门区域也有产生气味的腺体，其中有些会定期用该腺体摩擦其活动范围中的地标。最著名的例子是大熊猫，不论雌雄都会频繁地巡视其领土，经常在各处岩石或树桩上摩擦臀部。

不过对家犬而言，用臀部摩擦地面似乎不算正常、健康的行为。在检查过有这种行为的狗之后，通常会发现它们的肛门腺受到压迫，导致发炎或疼痛。摩擦地面主要应该是为了减缓不适，不是为了标记气味。

狗的肛门腺是两个豌豆大小的器官，分别位于肛门内约0.6厘米的直肠两侧。每当狗排便时，就会自动挤压这两个腺体，在粪便中添加气味强烈的物质。这个气味在季节性荷尔蒙变化时显然不会改变。由此可见，粪便中添加的气味信息与性的信号毫无关联，仅仅与个体身份识别有关，换言之，这是一种个体化的标签或"名片"系统。在人类社会中，我们使用人脸相片来识别不同的人，通过指纹辨识罪犯，通过签名确认书信往来，而狗则是靠这种特殊气味识别身份。

当两只地位高的狗相遇时，它们会头尾相接地站着，互相嗅闻对方的肛门区域。它们的尾巴会直挺挺地竖直，轻微颤动，作用是紧紧挤压肛门腺并散发少量气味强烈的物质。两只狗都会深深为那些气味着迷，用鼻子从气味中读取信息，就如同我们碰到朋友时用眼睛读取朋友面貌的方式一样。然而，该气味中究竟携带了多少详细资料，譬如是否透露出情绪、健康等，则尚属未知，不过它对狗的社交生活极为重要，如果肛门腺阻塞了，会对狗造成很大的社交灾难。这就是为什么患有此问题的狗会认真地在地上摩擦不舒服的器官，它只是想努力疏通阻塞而已。

Luckie 和 Louie photo by POCO ID: 门可罗雀

你的狗狗有丰富的社交生活吗?

母狗如何对待新生幼犬？

母狗孕期九周，到了分娩前一天，她会变得焦躁起来，而且对食物缺乏兴趣。她对陌生人会越来越有攻击性，但对人类"家人"则会越来越友善。如果提供分娩箱，她会在分娩前一天躲到里面，侧身躺着，背靠着墙面，脸面向出入口。当第一次分娩逼近时，她的呼吸会急促与缓慢交替。第一只幼犬出生时，她的躯体会打战，后腿轻微痉挛。幼犬出生的间隔约为半小时，每一只幼犬出生后，她会完成一整套诞生分离仪式：先舔舐幼犬身躯直到它开始呼吸，接着从距离幼犬身体约5至8厘米的地方咬断脐带，吃掉胎膜，然后轻推幼犬让它靠着自己的身体。完成之后，她会休息片刻，围着幼犬蜷曲起来，等候下一只幼犬降临。通常一窝五只幼犬的分娩时间需要数小时之久。

所有狗幼仔的诞生与母亲行为都与猫的情况相同。不过在准备分娩床的时候，两者的差别就很有意思。母狗会疯狂地挖掘分娩箱底部，但在怀孕的猫身上则没有观察到这样的行为。这项差别反映出家犬与家猫的野生对应物种在行为上的关键差异。猫在掩埋粪便时会挖土，但在准备产仔巢穴时则不会挖掘。野猫会不断寻找，直到找到现成的合适洞穴为止（这正是家猫花许多时间探索家中阴暗橱柜的原因），但狼则会在泥地上自行挖掘巢穴，而且挖出让人佩服的巢穴。狼的巢穴通常位于靠水的山坡上，排水良好，获取水源很便利，洞穴入口常位于岩石或树干底下，这样的位置可以保护洞穴避免崩塌。洞穴入口约60厘米，连接着长约 4.3 米的巨大隧道，隧道末端有一个大型凹穴，狼宝宝就是在这里诞生，并度过生命最初 3 周。有些狼穴入口不只一个，而且所有入口都经过大费周章的挖掘和泥土移除工程。再者，母狼并不满足于单一洞穴，为了避免受到惊扰，她会在主要洞穴附近建造第二个洞穴，以便紧急时带着幼狼转移阵地。

所有这些都与试图在分娩箱底部挖洞的家犬相去甚远，不过千万别忘了人类住宅在狗心目中的角色。典型的房子有好几个门，通过走廊才进到房间。对狗而言，这意味着整个房子就是一个有不同入口的超大型洞穴，经过隧道通往大型凹穴。换言之，人类早已为怀孕母狗完成"挖掘"工作了，唯一的缺憾则是分娩洞穴少了略微弯曲的地面，而至今仍残存在母狗身上的挖洞动作（疯狂抓扒箱子底部）就是试图改正此一缺点。

家犬挖掘动作还有一个特色很有趣，那就是母狗即将临盆前会撕碎铺垫。许多狗饲主都提到，如果分娩箱底部放了破布和碎报纸，母狗会把它们都撕碎。据了解，狼并不会在洞穴里准备任何铺垫，因此乍看之下这似乎是一个实质差异，亦即家犬在行为技能中增加了野生祖先缺少的东西。

当所有幼犬都已顺利诞生、清洁，并把鼻子贴在母狗斜躺的身上时，母狗就休息了，整窝幼犬开始吸乳，狂饮初乳。初乳极为重要，可为幼犬提供对抗疾病的免疫力。狗猫之间另一个差异很快又出现了，那就是在幼猫身上的"乳头拥有权"似乎没有出现在幼犬身上。对幼猫而言，每一只猫都会逐渐开发出自己的食物供应站，但是幼犬则维持着"到处可吃"的规矩。差异的成因显然在于幼猫有尖爪，幼犬没有。幼猫之间的争执会让母猫比较疼痛，"乳头拥有权"即可避免这样的情况。母狗面对的是爪子很钝的幼犬，偶尔为了争位子而吵闹并不会造成什么困扰。

幼犬长大的速度多快？

幼犬刚出生时又盲又聋，而且依据品种不同，大小和重量都有极大差异。刚出生的幼狼体重约为0.45千克。

母狗怀孕一次平均生5只幼犬。对于喜欢精确数字的人，506窝幼犬的分析取得的精确平均数字为4.92。另外曾有个罕见又异常的案例，记录下一窝超过20只的幼犬。

在呱呱坠地后最初几天，幼犬有90%的时间在睡觉，其余10%则在吸母乳。这是昏昏欲睡的"新生儿阶段"。

到了第13天，眼睛睁开了，不过与本篇许多数字一样，这个数字也因品种而有相当大的差异。例如这个阶段的猎狐梗（Fox Terrier）幼犬有90%已经张开双眼，但米格鲁犬（Beagle）则只有10%睁开。所有品种的幼犬到了21天大时都睁开眼睛了。耳朵则是大约在20天大时开始运作，亦即观察到第一次"惊吓反应"时。

3周大时，幼犬第一次出现摇尾巴和吠叫的迹象，而且它们会离开狗窝，展开撒尿和拉屎的特殊旅程。

到了4周大时，如果成长正常，幼犬体重应该是出生体重的7倍左右。现在它们进入"社会化阶段"，在此期间，它们关注的事情开始转移到玩耍，并且学习成为高度社会化物种的一员。

5周大之后，脸部肌肉已经发展成熟，让新加入社会的成员拥有表达视觉信号的珍贵技能。6周时已经开始出现未成熟的群体组织，有些不幸的幼犬会惨遭较强壮的兄弟姐妹施展的帮派式攻击。7周时，母狗的乳汁开始枯竭，如果要让幼犬在新家生活适应良好，此时是贩卖或送养的最佳年龄。不过再次重申，此处还是存在着品种差异，有些品种要到10周大时比较适合。

社会化阶段到20周左右结束，接着是"幼年期"。此时幼犬的社会化发展已经完成，如果在野生环境长大，此时会开始认真探险并参与狩猎活动。16周时，恒齿开始冒芽，到24周全部长好。

6个月大时，公狗尿尿时会开始抬腿，而且性方面已开始成熟。不论公狗或母狗，性方面通常在6~9个月大时达到完全成熟，但依品种不同而有些许差异。有些个体比较晚熟，迟至10~12个月大时才会完全长大成犬。

路虎 photo by POCO ID: me 浩然蒸气

狗狗第一天到你家时年龄多大?
还记得它当时的样子吗?

幼犬如何断奶？

在生命的最初3周里，幼犬需要的营养全都来自母乳。母狗躺下哺育幼犬，幼犬则会用前脚掌按压母狗腹部，并吸吮乳头来刺激乳汁分泌。母狗的所有时间几乎都在陪伴幼犬。到了幼犬3~4周大时，她会开始离开幼犬较长一段时间，当她回来时，会越来越不情愿地躺成哺乳姿势。这个年纪的幼犬活力日增，会在母狗站着时就想要够到她的乳头，如果成功，母狗会容许它们在自己站立时吸奶。随着日子一天天过去，她越来越不耐烦与幼犬相处，经常走开到别处，幼犬则会努力紧咬着她的乳头继续吸吮。等到幼犬5周大，母狗可能会对触碰她乳头的幼犬嗥叫，甚至会咬孩子的脸，不过她一定会小心翼翼不伤到它们。张嘴咬的动作只是威吓，但会让幼犬大惊失色。母乳供应者竟然拒绝了它们，这让幼犬大受打击。在接下来的2周期间，幼犬会努力追着狗妈妈，偶尔可以得偿吸乳之愿，但是母狗的乳汁供应已经快停了。幼犬7周大时，母狗通常已经完全停止泌乳。幼犬到此阶段完全断奶（不过还是有些差别，少数母狗会继续分泌乳汁至幼犬10周大）。

在逐步断奶期间，狗饲主当然会为幼犬提供特别的幼犬食品和一碟碟牛奶。这对母狗来说相当省事，会欣然接受饲主的协助。但是，生活艰困的野生狗没有人类饲主协助断奶，它们会怎么做？答案是，在自然的环境下，狗有非常特殊的积极断奶法，可以取得和停止泌乳的消极断奶法差不多的效果。它们会通过反刍将预先消化过的食物给幼犬吃。野外的狗妈妈在幼犬3~4周大、分离时间较长时，会花时间去动物的巢穴狩猎。猎杀之后会吃掉食物，然后回到幼犬身边。因为她的嘴巴有食物味道，所以会刺激幼犬嗅闻她的头部。接着幼犬会开始舔她的嘴，用鼻子轻推她的脸，咬她的下巴，甚至用爪子抓她的头。事实上幼犬的行为非常像刚孵出的雏鸟，而且得到的结果也一样，这些行为会使雌性自动做出反应。不论她自己有多饿，都会不由自主地响应幼犬的"乞讨"，呕出她消化到一半的猎物。

母狗的反刍为自己孩子提供了绝佳的幼犬食品，请记住，此时幼犬的第一颗牙才刚开始冒出头，还无法彻底咀嚼。在接下来几周内，随着母乳供应逐渐枯竭，她会提供越来越多固体食物给成长中的幼犬，直到固体食物成为唯一的营养来源为止。幼犬12周大时将开始自己猎捕食物，不过仍然需要母亲的协助。

而在人类监管下抚养幼犬的母狗则几乎没机会施展上述反刍行为。断奶中的幼犬由人类饲主喂得好好的，母狗无从触发反刍反应。不过就算是这样，古代留下的反应有时还是会出现。天真的饲主会因为母狗呕吐而忧心忡忡，有时还会慌慌张张地打电话给兽医，说他们正在哺乳的母狗开始呕吐，一定是生病了。他们害怕那些呕吐物是坏掉的，因此错将母狗反刍的食物擦干净，避免幼犬碰到，如此一来却剥夺了幼犬最天然的断奶食品。

针对野生繁衍的狼所做的观察显示，食物反刍在狗的原始祖先的社交生活中扮演了更重要的角色。母狼前往狼穴生产时，她自己吃的就是由狼群其他成员反刍出来的食物。小生命刚诞生的头几天至关重要，母狼会全天待在洞穴里，靠的正是好几餐的反刍食物过活。然后当幼犬开始要断奶时，她会自行离开去狩猎，并带回预先消化的食品给幼犬。但此时她并不孤独，狼群其他成员（甚至是公狼）也会做同样的事。更确切地说，公狼对幼狼呵护有加，甚至到远达32公里的地方去寻找猎物，然后快马加鞭回家，在食物消化过头之前喂给幼狼。

在上述的狼行为中，有两个有意思的改良。成狼自己吃的经常是不新鲜，甚至已腐败的肉，但它们绝不会喂给幼狼。幼狼的胃很娇弱，成狼只会给它们吃刚猎杀的新鲜肉类。此外，喂食的分量也是谨慎定量配给，成狼会将食物反刍，分吐成小堆，确保每一只幼狼都能不受干扰地享用。

等到幼狼长出一嘴利齿时，成狼会改用嘴衔着较大块的肉回家，而不是先吞下去预先消化。这样的工作通常需要相当高超的技艺，譬如有一只狼妈妈为她的狼小孩带了半只麋鹿腿，用嘴叼着走了1.6公里回到家。

如果你觉得跟狗的野生祖先比起来，家犬的亲职事迹显得平淡无奇，那可别忘了，对狗而言，人类饲主也算是"群体成员"。因此，当这些有用的伙伴为幼犬带来幼犬食品时，那也是非常自然的合作行为。狼群成员为幼狼所做的正是相同的事。因此，母家犬身上的压力解除了，毫不犹豫地接受了人类的协助。

关于断奶，还有最后一点值得简单讨论一下。如果我们觉得反刍食物的方法有点恶心，请记得，在婴儿食品发明之前，人类母亲也是以类似的方式给幼儿断奶。原始部落社会的母亲会先将食物咀嚼成软糊状，然后用嘴对嘴的方式喂给婴儿。附带一提，这样的断奶行为正是人类交换深情爱吻行为的起源。因此，当狗狗舔主人的脸时，主人说"它是在亲我"，这个说法很贴近事实，远比大多数人以为的更贴近。

路虎 photo by POCO ID: me 浩然蒸气

你的狗狗刚刚断奶时吃什么？

幼犬为什么要咬拖鞋？

许多饲主发现，较大的幼犬会有一段时间破坏力特别强。它们最爱的目标是拖鞋和手套，不过幼儿玩具、报纸、杂志，甚至是早上送到门垫上的信件也会遭殃。除了乱咬和嚼烂上述物品，幼犬还会猛力甩动它们，好像想要置之于死地。幼犬会将纸张彻底撕成碎片，仿佛把纸张当成死鸟，必须拔掉烦人的羽毛。有些饲主恼怒地发现，如果有邮件遭到攻击，倒霉的总是饲主比较感兴趣的信件，账单却完好无缺，实在令人生气。（最后一点并不是笑话，因为账单通常装在棕色信封里，对狗来说没有白色信封醒目。）

此处有几个重要的幼犬时期的特征。首先就是爱玩。成长中的幼犬天生就爱探索环境中的所有事物。在野生环境下，狗是机会主义者，为了生存，必须对世界上所有事物特性累积广泛知识。家犬的生存环境要安全得多，但是远祖行为并未因此丧失。

其次是长牙齿的问题。幼犬4~6个月大时会开始长恒齿，此一时期会越来越需要咀嚼坚硬物品，协助新牙齿冒出来。市场上销售的软性狗食对此毫无帮助，因此，除非给狗咀嚼适当的坚硬食物，否则它会退而求其次，另觅尚可接受的东西来咬。

第三，成长中的幼犬有一个"前狩猎"阶段，此时它已经大到会对猎物产生兴趣，但捕捉猎物的能力还不够。在此成长期间，充分的营养相当重要，野生环境下成犬会带肉块回巢穴给幼犬吃。因此"较大幼犬期"的特点是大狗(人类饲主)会把东西放在地上给小狗吃。因此小狗把地毯上的拖鞋或门垫上的包裹视为团体中年长成员送的迎新礼物是再自然不过的事,一点也称不上冥顽不灵。咬这类东西而遭到斥责,对于殷切适应人类"伙伴"的幼犬来说,肯定会感到既困惑又受伤。

DUDU photo by POCO ID：彭淑仪

你的狗狗曾经是"无敌破坏王"吗？

为什么公狗在求爱时总是遭受挫折？

在性方面，狗与狗之间存在着特殊的不平等形式。对人类而言，不论男女，一年到头都是性活跃期。对其他许多动物而言，雄性与雌性会一起进入繁殖状态，并维持一段短暂且激烈的性活跃期。对狗而言，公狗一整年随时都处在繁殖待命状态，母狗却只有有限的两次发情期。这意味着不幸的公狗一年中大多数时间处于性挫折状态。

事情还不只如此。好不容易，等候多时的母狗发情期终于来临了，但母狗在发情期的第一阶段仍过着名副其实的"母狗"生活。事实上，她只在早春与夏季的少数几天会接受雄性献殷勤。所以，如果还没被主人结扎，没在看见母狗时被强行拴住，在邻居母狗发情时没被关起来，没被竞争的公狗攻击和驱赶，也没被一向很挑剔的母狗拒绝的话，那么，幸运的雄性家犬在一年52周里只要度过50周的性挫折期就好。对于其他不幸的雄性家犬而言，则是一年52周都处于性挫折状态。

母狗也不好过。如果还没被结扎，短暂的发情期可能会让它们被关在室内，被施以抑制性欲的化学药剂，或被强行穿上犬类贞操带。幸运的母狗则会被带去跟配种公狗交配，但这往往又使浪漫的恋情沦为红灯区的"短暂交易"。

这当然也不能怪饲主。如果放任犬类自由发展性关系，那全世界的幼犬将会泛滥成灾。许多狗收容之家每年必须捕杀数千只过剩的狗。但这确实意味着人们较少有机会观察犬类求偶的细节。在少数情况下，公狗和母狗可尽情宣泄性欲，其求偶经过如下：

第一个阶段称为"前发情期"（亦即痴狂前的阶段），母狗开始焦躁不安，越来越喜欢散步。她的饮水量也超过往常，散步时也大量排尿。尿液中的香气会让公狗产生刻骨铭心的印象，它们会热切地嗅闻，然后沉默又专注地凝视远方，仿佛专业品酒师在品尝珍贵的葡萄美酒。这个化学信号会激起公狗强烈的性欲，让它们开始搜寻雌性，它们对母狗的阴道分泌物气味格外有反应，老远就可以嗅到该气味。那些分泌物源自母狗肿胀的生殖器排泄物，到了前发情期末期，排泄物会变得血红。出于这原因，有些人会把那些排泄物误以为是母狗"月经来潮"。月经是排卵不成功的子宫内膜剥落导致，前述母狗的出血则是发生在排卵前，阴道壁为了因应交配而发生的变化。

在这段前发情期（约持续九天），母狗因其气味的关系而特别吸引公狗，怀抱希望的求爱者会锲而不舍地追求她。但由于她尚未排卵，因此会拒绝所有追求者。此时的她脾气最暴躁，可能会攻击和追赶多情的公狗，并对他嚎叫、咬他，通常还会威胁他。如果母狗敌意没那么强，也许会跑开，或是当公狗试着骑上去时转身躲开，还有可能当公狗对她的臀部兴趣高涨时迅速坐下。

母狗挑逗公狗的过程看似毫无意义，如果她不接受公狗，为什么要发出充满吸引力的气味信号？答案是，对她而言，重要的是确保所有可能的配偶都清楚地知道她的状态，这样在关键时刻来临时，她就不会找不到配偶。在真正的发情期第二天，她会自发性地排卵，这也是母狗准备好授精后的一两天。如果没有公狗，她就必须再等六个月才有下次机会。

"发情期"也会维持约九天。母狗的排泄物会变得较清澈、水分较多，表示其阴道已经准备好要交配。现在，真正的求偶过程要开始了。母狗的行为会有大转变，她会跑向公狗，然后退后，跑向公狗，再退后。万一公狗无视她的邀请，她会在他身边来回弹跳，用前脚掌打他，甚至骑到他身上。这时公狗通常会开始追她，最后这蹦蹦跳跳的一对会靠在一起互相检查对方身体。首先，它们会热切地用鼻子闻鼻子，有时也会舔耳朵。接着，它们会彼此嗅闻对方臀部。此时主要角色在公狗身上，他会最后一次确认母狗的性状态及气味吸引力。确认完之后，他通常会走到母狗身旁，将下巴搁在她背上。如果母狗站着不动，也没有闪开，接着他就会转身骑上去，开始交配。

雌性在这过程中一点也不被动。如果母狗正值发情高峰，对象又是她喜欢的公狗（就算在这个阶段，她可能还是很挑剔），她会尽其所能帮助公狗。在母狗为公狗"站着不动"（亦即公狗用鼻子触碰并检查她的状态时保持静止）之后，她会给他一个邀请他骑上来的特殊信号。此信号包括将尾巴摆到一侧，露出生殖器。如果公狗的反应是骑上去，他可能在寻找目标时会有困难。公狗会用碰运气的方式开始做骨盆推拉的动作，母狗发现他没对准时，会小心翼翼移动臀部，往上一点、往下一点、往左一点，动作很熟练，直到她帮公狗修正好目标为止。当公狗交配时，如果用嘴咬住母狗颈背（这并非固定特色，但偶尔会发生），母狗也不会反对。

在狗的野生祖先，也就是狼身上，完全具有上述交配行为的所有特点（如果允许顺其自然的话）。豢养状态也没有对性行为顺序造成多大改变。不过，豢养状态对交配的影响是求偶次数大幅减少，在配种公狗与冠军母狗的纯种狗世界更是如此。例如有人观察到某个狼群的求偶总数为1,296次，完整交配只有31次。在纯种狗的交配中，也许会有偶发的拒绝现象，但大多数相亲都是安排得很妥当的，而且相亲的狗都有丰富经验，几乎每次都可以交配成功。

野狼求偶的成功率之所以那么低（2.4%），是因为野生环境中有为数众多的强壮配偶可供优先选择。雄性和雌性可能不会形成终身的一夫一妻伴侣，但它们在性方面的喜好与厌恶很强烈，这表示不幸的追求者有许多求偶表现都毫无希望，且终究徒劳无功。如果有一群家犬变成野生并形成独立群体，是否会发展出类似的偏好选择还很难说，尽管看似可能性极高，但仍有少数因为豢养而产生的改变。

豢养过程中的唯一重大改变似乎与发情期的时间有关。年轻母狼第一次发情的年龄约为22周大，比一般母家犬晚了一年。前者一年只有一次发情期，通常在3月，后者则在秋季时会有第二次发情期，而且一年两次发情期的时间也不规律。

路虎 photo by POCO ID: me浩然蒸气

你的狗狗有心仪的对象吗？他是如何向她表达爱意的？

为什么在交配过程中，公狗和母狗会"连"在一起？

犬类性行为中有一个最奇怪的特点就是"连"在一起。公狗骑上母狗并做出一些骨盆推拉动作之后，他会发现自己无法从母狗身上拔出来。交配的两只狗仿佛紧密黏在一起，怎么挣扎都无法分开。只好就这个姿势无奈地维持"忙碌"一段时间，看似很受伤，终于扯开之后才舔舐自己的生殖器，然后放松休息。

犬类专家多年来对于狗繁殖行为中这个特殊功能深感不解。有些专家坦承，他们看不出这个状态有何意义。有些专家则胡乱猜测，而不承认自己无法解释。在讨论他们的解释之前，值得了解一下公狗与母狗交配时到底发生了什么事。

母狗发出信号让公狗骑上来时，公狗会用前脚紧抱着母狗，试着将阴茎插入。在这个阶段，阴茎只是处于半勃起状态，他会开始做出一些激烈的骨盆推拉动作并成功插入。他用前脚紧抱着母狗身体时，也会用胸部（有时也包括下巴）紧压母狗背部。母狗则站着不动，尾巴摆到一侧，让阴茎更容易进入。

此时公狗后腿会做出很独特的踩踏动作，左右摇摆臀部。臀部摇摆动作会让他的阴茎更深地插入母狗体内。公狗阴茎底部有一个膨胀处，称为"茎头球"（bulbus glandis），这个部位进入母狗体内后就会开始膨胀。此时，整个阴茎已经完全插入。同一时间，母狗阴道开始强烈紧缩。公狗的器官膨胀和母狗的器官压缩一起完成强有力的紧密联结，之后，公狗还会做几下骨盆推拉动作，然后射精。

此时，公狗通常会静静地从母狗身上下来，将两只前脚放在母狗身旁。由于生殖器依然紧紧连在一起，这个动作会让公狗变成很别扭的扭曲姿势。他修正这个姿势的方法是将一条后腿跨过母狗背部，转身背对母狗，现在一公一母是站着黏在一起，但面对相反方向。在连在一起的剩余时间里，它们通常会维持这个姿势安静地站着，也可能开始挣扎。母狗也许会决定走开，若是这样，公狗会反抗，接着可能会有一连串的喊叫哀号。如果它们受到干扰或骚扰，或许会来回扭动，甚至在试着分开时跌倒，但联结始终保持牢固。除了上述挣扎过程给彼此造成相当大的痛苦之外，并没有证据证明会对生殖器形成长久伤害。

专家对于两只狗的联结状态持续多久有许多不同看法。目前有记录的最短时间为5分钟，但是不同案例中记录到的数字通常更高：15、20、25、30、36、45、75，甚至长达150分钟，不过时间极端长的案例很罕见。当公狗的阴茎开始从完全勃起状态衰退到终于可以拔出时，才结束联结。

狗的性行为模式如上，而以下则是过去提出的几个解释：第一个理论是，联结状态有助于加强公狗与母狗之间的情感联系。这个看法认为，交配时间的拉长，可以让交配更个体化，有助于两只狗的情感联系。如果情况允许，公狗和母狗在交配并经历了联结之后的确会变得更亲密，但是好几分钟绝望地连在一起的痛苦过程，似乎不可能让公狗和母狗喜欢上彼此。所以这个理论虽然有可能性，实际上未必会发生。

第二个理论认为，公狗与母狗紧密联结会让公狗觉得交配行为更舒适。这样的看法很可能只来自曾帮有经验的配种公狗和纯种母狗"安排婚姻"的人。在安排好的场合中，两只狗与其他狗隔离，不受干扰，而且饲主在场让狗镇定。这样的情况下，公狗与母狗可能只是静静站在一起，直到联结状态结束，因而让人以为它们在休息。野生犬类、公园流浪狗、街头流浪狗或狼在较自然的状态下，联结状态通常不可能风平浪静，因而让人以为它们有些时候会非常难受。

第三个理论有些奇怪。它认为联结状态是一种防御手段，可让正在交配的狗具备"两个方向皆有利齿"的状态,万一有其他动物想要进犯就可以反击。但是，只要看过狼群中的联结状态就会知道，联结中的公狼非常容易受到攻击。如果有占优势的动物接近，公狼和母狼根本无法协调移动。

第四个理论认为，联结状态可防止精液从母狗体内漏出来。但并未解释母狗接受公狗精液的设计为何如此糟糕。

最近出现了一个更容易被接受的理论，这个理论源自人工授精实验，加上我们如今已了解正在交配的两只狗的生殖系统运作方式。人类通常单纯射精一次，但狗会经历三个不同阶段。第一个阶段在30~40秒之间发生，此初次射精会射出清澈、无精子的液体。在50~90秒间的第二阶段则会射出浓稠的白色精液，内含12.5亿个精子。最后的第三阶段则包括更大量的射精，再次射出清澈且无精子的液体。这些是前列腺液体，只要仍处于联结状态就会一直产生出来。联结的时间拉长，功能显然是让公狗有时间产生最后这种液体，此液体会冲进母狗生殖区，促使刚射进去的精子活化。

因此现在我们知道"联结"的奥秘了。它并不是射精之后的状态，而是伴随着射精的状态。由于人类的射精过程太短，因此误以为狗也是如此。公狗射精达半小时之久的见解，对我们而言实属怪异。我们确实很难理解犬类授精过程为什么要如此麻烦又漫长，但在了解事实之后，联结状态就有道理了：那是获取更多时间，以确保精子顺利送达的超简单方法。

为什么有些狗喜欢抱大腿？

许多人都曾碰过以下尴尬的时刻：你到别人家里做客，主人养的公狗突然用前脚紧抱住你的腿，然后骨盆开始激烈推拉。为什么狗会做出这么没出息的动作呢？

答案是那些狗在幼犬时经历了特殊的社会化阶段，在这阶段中建立了自己的身份识别。4~12周是个至关重要的时期，任何在这段时期与它们关系密切并友善亲密的物种都会变成"它们"的物种。对所有宠物狗而言，在这个关键成长阶段中身边一定有两个物种，那就是狗和人类。因此，狗变成"心理上的混种"，与两个物种都有很强的联系。在未来的岁月里，他们不论待在犬类还是人类社会都会觉得安心自在。狗的人类家庭成员作为收养的族群表现良好。人类跟它们分享食物，共享巢穴，一起出外巡视领土，一同玩耍，乐此不疲地替爱犬理毛，做出必要的打招呼仪式，而且通常都欣然扮演狗的伙伴。狗社会和人类社会彼此之间相当契合，只有碰到与性有关的事情时，两者关系才会破裂。

幸运的是，犬类在性吸引力方面有一些强有力的天生反应，通常可让狗瞄准正确的对象。由于人类并不具备狗的特殊性爱香气，通常无法让住在同一屋檐下的公狗产生性反应。就狗而言，人类不过是"族群中永远不具备性条件的成员"。

十分不幸的是，对大多数公狗来说，豢养生活中要碰到发情中的母狗乃"百年不遇之事"。当公狗的性挫折高于某程度时，就算是家里的猫在它们眼里也变得魅力十足。此时，好色的狗就会试着骑上在一定时间内静止不动的东西，包括猫、其他公狗、坐垫和人腿。之所以选择腿而不是人体其他更适当的部位，只不过是因为人类跟狗完全不相近的古怪体型所致。人类太高大，只有腿部可以轻易碰到，因而不得已成为性挑逗部位。

对于抱腿狗的正确反应该是怜悯，而非愤怒。毕竟是我们迫使狗儿处于不正常的独身状态，只需礼貌拒绝它们的骚扰即可，不要施予愤怒的惩罚。

关于狗对家猫有兴趣的说法并不是玩笑话。有些性欲受挫的狗的确会试着和猫交配，不过只有在幼犬和幼猫一起长大的情况下才会发生。幼犬在重要成长阶段中与小猫形成亲密关系，不过是在心中把猫类加入"我族"类别而已。在幼犬4~12周的社会化阶段中，与（1）同一窝幼犬，（2）家猫，（3）人类饲主一同玩耍，将会形成三重情感联结，而且会持续一辈子。

这个情感联结还有一个面向。在幼犬成长的社会化阶段中，如果某个物种"缺席"，将意味着它在未来生活中会自动避开该物种。即使是幼犬自己所属的物种也是如此。如果在幼犬的眼睛和耳朵张开之前（譬如仅一周大时）被带离自己母亲身边，那么在日后的生命里，它与人类会相当亲密，但与其他狗在一起时始终会显得羞怯。由此可见，太快将幼犬带离它的家庭是个天大的错误。如果是因为发生不幸，譬如狗妈妈死亡而只有一只幼犬存活，那么在人类扶养幼犬的过程中，务必尽力让它身边有其他幼犬或成犬陪伴，如此一来，它才会在重要的成长过程中习惯有同类陪伴。

如果幼犬在12周大之前身边只有自己的犬类家人，完全与人类隔离，它此后一辈子都将不会变温驯，也不会对人类友善。有人曾在实验农场中以野生方式抚养幼犬，在14周大之前完全不与人类接触，结果它们就变得像野生动物一般。因此，认为家犬在某种程度上是"遗传上驯养"的看法全然错误，认为狼比狗更"野蛮"、更无法驯服的见解也是错的。如果领养的幼狼年龄够小，它会变成相当友善的伙伴，友善到多数人看到有人用项圈和狗链遛狼时，会以为那不过是一只超大的狗而已。这是真的，有一次有人用阿尔萨斯狼犬（Alsatian，即德国狼犬）

的名义申报搭乘"伊丽莎白皇后号"邮轮，从英国带了一只驯养的狼到美国，完全没有引起议论。它每天在甲板上溜达一次，乘客和船员都乐呵呵地抚摸它。若是他们知道了它的真实身份，肯定会吓得魂飞魄散吧。

路虎 photo by POCO ID: me浩然蒸气

狗狗肆无忌惮地抱住来访宾客的大腿,
你的记忆中有这样的尴尬时刻吗?

为什么狗喜欢睡饲主的床？

许多饲主都遇到过宠物狗请求同床共寝的情况。小型犬有时会赢得这场拉锯战。如果是大丹狗，就可能让事态发展得像离婚法庭上的监护权争议一样。为什么狗会那么渴望与饲主亲密地共度夜晚？

答案是，狗在许多方面还没有脱离幼犬阶段。因为狗将人类饲主看成虚拟的父母，就算成犬也一样，想要蜷曲在"母亲"身旁再自然也不过。在此脉络中，"母亲"不见得一定是女性。如果狗比较亲近家中的男性，他就会变成代理母亲，成为狗睡觉时想要碰触的对象。无论如何，这都会给婚姻造成紧张关系，而且在某些案例中不仅导致夫妻绝交，更真正离异了。

就算通过严格训练不让家犬上床，它还是很想尽可能靠近它的"伙伴"睡觉。在野生状态下，幼狼离开巢穴之后，理所当然会喜欢彼此靠在一起睡。只有被打败并从族群中逐出去的狼才会在离开群体一段距离远的地方睡觉。由此可知，晚上被人类饲主断然关在门外的狗，一定会觉得自己就像遭到领养族群驱逐。如果外面有一群看门狗或猎犬，这当然不成问题，因为它们会彼此为伴。但如果是与人类家庭住在一起的单独宠物狗，它将无法理解为什么到了睡觉时间就避它唯恐不及，而且被迫与人类伙伴隔离。大多数家庭终究还是找出了自己的折中方案，让狗可以尽可能靠近卧房睡觉，又不会变成就寝时的讨厌鬼。

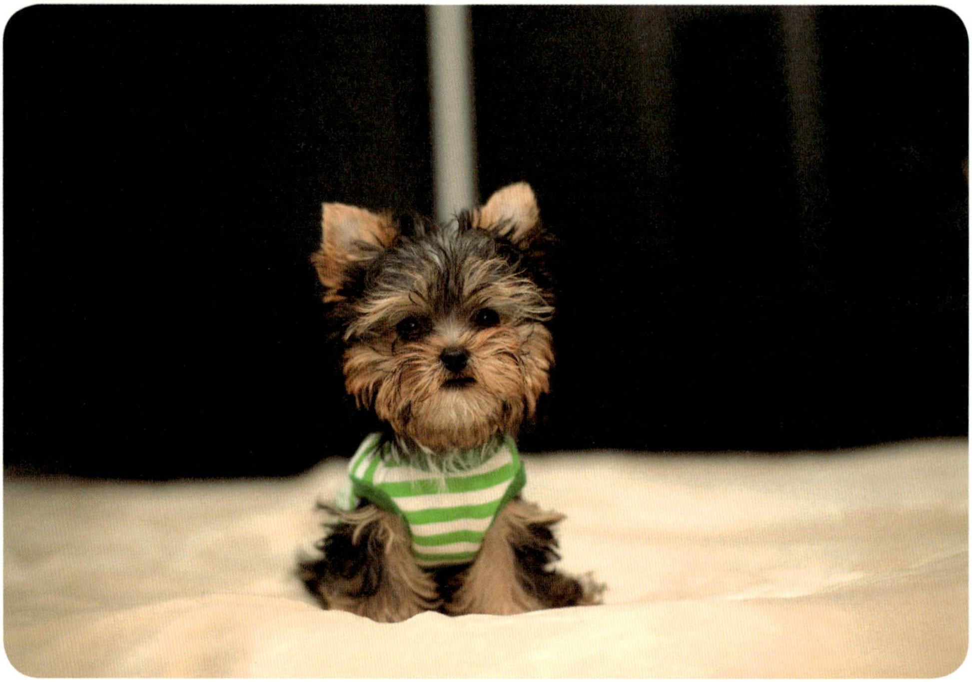

宝宝 photo by POCO ID: @门可罗雀

你的狗狗经常是你床上的"不速之客"吗?

为什么有些狗难以控制？

大多数家犬都能成功融入人类家庭生活，但偶尔会有些公狗变成麻烦制造者。它会在毫无挑衅行为的情况下咬客人、在屋里尿尿、顽拒听命。全家出游时是它拉着主人去遛，而不是主人遛它；它会在喜欢的地方驻足，等感觉对了才开始移动，如果用狗链拖它就会遭到激烈的抵抗。到了吃饭时间，它可能视其食盆如无物，必须用特别的美食引诱之。宠物狗是如何发展出这种个性的呢？

尽管狗饲主始终拒绝接受，但答案显而易见。事实上，这类型公狗是通过允许才在"群体"中得到支配地位的。在野生群体中，每一只公狼都努力想达到这个地位，家犬在这一点上也与公狼别无二致。人类在支配关系上的优势比狗大上许多，因为人类体型较大，但是如果人们过分纵容，狗就会试图取得群体的领导地位。如果狗在每次对抗中都赢得胜利，最后就会获得一个结论：现在它在群体中处于支配地位。狗并不需要与饲主真正战斗才会得到这样的结果。当人类饲主想要做某件事，而狗坚持做另一件事时，它就占据了支配地位，如此一来便简简单单地赢得了一次对抗。经过接二连三的"获胜"之后，狗会认为自己处于支配地位，并开始做出相应的行为。这类行为包括在屋子里尿尿以标示"它的"地盘，并在外出遛狗时对于"接下来会发生什么事"握有百分之百的决定权。这并不是反常行为，居支配地位的动物在带领群体外出"狩猎"时，这行为再自然不过。因此狗无法理解，怎么有人会挑战它对于"开始"和"停止"的决定。此外，它有一个领导职责是保护下属（亦即它的人类伙伴）不受陌生人攻击。因此它会袭击邮差、送牛奶的人，以及其他走到门口的访客。

驯犬师可以通过纪律训练课程来矫正这些麻烦的狗，让它们再次成为下属群体成员，但是这种训练会造成一定的风险。过分强调纪律和服从会造就出性格毫无吸引力的顺从狗，这种狗只会摇尾乞怜，没有一点个性。此时对待狗的秘诀就是坚守中庸之道，以尽可能的自由与最大的控制取得平衡。

小宝 photo by POCO ID: 汪淼

你是否经常被狗"牵"着到处遛？

为什么狗会长出垂爪？

垂爪是狗远古祖先第一根脚趾演化后的残留。当狗族成员在演化过程中开始特化成跑步的动物时，它们的腿开始变长，脚趾从五趾变成四趾，脚开始变窄。野狗后腿上的第一根脚趾完全消失，但前腿上的第一趾则留下了退化器官的遗迹，而且再也无法接触地面。

这样的设计使狼的速度变得令人咋舌，曾有人多次记录到，在长达400米的距离内，狼的速度达到约时速56.3~64.4公里，单次跳跃距离达4.9米，它们的长途耐力也很惊人。目前已知最接近狼祖先的哈士奇犬可以在短短8小时内拉着雪橇奔跑超过约805公里。

跑步能力上的特化，意味着其他方面的牺牲。随着奔跑能力提升，狗的跳跃与攀爬能力变差了，但它们的追捕速度和耐力大幅度增强了，这足以让全世界热带与冰冻荒原的野狗生存。

因此，垂爪应该是狗在演化上的出路，成年犬进化为田径运动员的代价。但若真是如此，很奇怪的是，许多品种的家犬似乎倒转了这趋势。你可能会以为，现代狗比狼或野犬（Dingo）距离古代犬类祖先更远，因此应该早已失去所有的垂爪，前脚"拇指"应该像后脚"大脚趾"一样被遗忘才对。事实却相反，许多现代狗品种的四只垂爪全都出现了。后脚上的垂爪不像前脚上的那么牢固或联结得那么好，内部通常只有一个游离骨（free bone），爪子借着一小片皮肤松垮地连着脚，即使这样，还是意味着狗在演化上的小小转向。具有后脚垂爪的品种，不论其垂爪退化到什么程度，至少都比野犬或狼更接近古代犬类祖先。为何会出现这种原始现象的转向呢？

答案是被称为"幼态持续"（neoteny）的过程，即婴儿时期的特征残存到了成兽身上。这是狗在人类控制育种10,000年间的身体变化。实际上，狗已变成了长不大的狼。生理上虽然可以繁殖，却仍保留着许多幼年的行为模式，例如爱玩耍和服从虚拟父母（即人类饲主）。它们也保留着一些幼年的结构特点，例如今日许多品种身上可见的松垂耳朵。垂爪的残留也属于这一过程。或许我们已在不同的现代品种身上培育出越来越极端的特征，但在其他方面，现代品种的狗比高度特化的狼更原始、更接近两者的共同远祖。换言之，当我们着手把狼变成狗时，不仅将时钟往前转，同时也往后转了。

有意思的是，很多育犬者直觉上觉得垂爪有点不对劲，建议在幼犬3~6天大时将垂爪切除。他们认为垂爪是"非特化的趋势"，应予以矫正。他们辩称，如果这些退化残留的爪子保留下来，可能会被灌木丛钩到而撕裂。但别忘了，垂爪的位置是在脚的内侧，碰不到地面，因此育犬者所说的意外根本不可能发生，其辩解也毫无价值，但是人们不知不觉想要"美化"狗脚的冲动太强烈，因而忽略了此一事实。但在某些特定品种身上，例如伯瑞犬（Briard）和大白熊犬（Pyrenean Mountain Dog）则必须保留后脚垂爪才符合品种标准。

妞妞 photo by POCO ID: 妞爸妮妈

你有花费足够的时间陪狗狗玩耍吗？
不要让它太过寂寞哦！

为什么有些狗会追逐自己的尾巴？

我们偶尔会看到狗追着自己的尾巴高速绕圈圈，它会对着不断消失的尾巴挥出爪子，紧追不舍地旋转，有时还会因绕太多圈而头晕搞不清方向。对人类观察者而言，这令人发笑的愚蠢举动只不过是简单的嬉戏行为，最终会变得让人厌烦。于是人们开始将此异常举动视为刻板行为，而非韵律游戏。悲哀的是，这正接近实情，因为陷入无聊状态的狗才会固执地追逐自己的尾巴。

狗是社会化的动物，也具有很强的探索个性。如果剥夺了它们的同伴（不论狗或人），或把它们拘禁在无聊的环境里，它们会饱受折磨。把狗关在紧闭且单调的狭窄空间里，对狗是最残酷的精神惩罚。这在家犬身上很少出现，除非它们不幸落入特别残酷的主人手中。但是动物园里的野生狗常被关在小而狭窄的空荡兽笼中，被迫接受单独监禁的无期徒刑。针对这种狗的观察显示，它们经常出现"间歇性小动作"和刻板行为，例如咬爪子、嚼尾巴、扭脖子、踱步以及其他对自己有害的重复行为模式。有时这些间歇性小动作会变得粗暴，狗会重复咬自己的肉直到引发脓疮。这样的自残看似有破坏力，但在难以忍受的枯燥牢笼中却是种强烈的刺激。追逐尾巴则是这类行为的温和形式。

有一个情况常见于幼犬身上，它们在与同一窝兄弟姊妹分开，被带往新家之后，精力充沛的幼犬日常的混战玩耍权利立刻被剥夺，它因此需要寻求新的刺激。如果主人没有花足够时间和它玩耍，幼犬就会发现启动"游戏"的困难，尾巴便成了最佳"玩伴"。只要绕圈圈的举动没有变成强迫行为就无伤大雅。许多孤单的幼犬会有一段时间做出这样的行为，长大就抛弃了这个习惯。只有当这行为延续到成年，才意味着狗的生活环境有缺憾，需要更多社交互动与探险活动来补足。只要增加狗生活中这些方面的活动，通常就可以治愈。

若狗的尾巴部位有难以摆脱的不适，例如由肛门腺肿胀或剪尾巴失败导致的持续疼痛，是这个原则的唯一例外。不过在这些状况中更可能出现其他较具体的反应，例如拖拉臀部和咬尾巴。

为什么有些品种的狗体型那么小？

不论小型犬的起源为何，它们如今依然大受欢迎，因为它们是理想的小孩替代品。较大型的狗非常适合当长途散步的伴侣，并且扮演着顺从下属的角色，执行"等等"、"坐下"和"去捡"等命令的效果相当令人满意，但它们缺少了重要的婴幼儿特性。就嬉戏玩耍和友善表现上，或许算得上长不大的小孩，但它们没有婴幼儿的稚气。为了引发主人的母性情怀，狗必须传达一些特定信号，而这正是小型品种犬受欢迎之处。

为了了解这一点，我们必须看一下人类婴儿具有特殊感染力的婴幼儿特性。首先，婴儿的重量只占成人一小部分：出生时约3.2千克，五个月大时约6.4千克，20个月大时约9.5千克。再加上体型很小，婴儿很容易被举起、抱着走和亲热拥抱。其身躯比成人更圆润、更没有棱角，触摸起来也更柔软。婴儿的脸比较平坦，眼睛相对较大，而且声音音调较高。

现在把视线从人类婴儿转向小型犬。小型犬显然满足上述某几项婴儿感染力标准，而且某些品种（例如京巴犬）还全数符合。至于与婴儿体重的关系，小型犬可分为三个类别，从粗略的数据来看分类如下：

1. 与人类新生婴儿一样重的狗：吉娃娃（约1.8千克）、玛尔济斯（约2.3千克）、博美犬（约2.7千克）、约克夏犬（约3.2千克）以及葛林芬犬（约4千克）。

2.与五个月大婴儿一样重的狗：京巴犬（约5.4千克）、西施犬（约6.4千克）、查理士王小猎犬（约6.8千克）以及巴哥犬（约7.3千克）。

3.与一岁大人类婴儿一样重的狗：腊肠狗（约9.5千克）及柯基犬（22磅，约10千克）。

上述这些狗的重量非常适合被"有母性"的人类举起和抱着走。它们的身体比大型品种犬的体型更圆润，也更柔软，适合亲密拥抱，这让它们能够成为理想的宠物。它们的脸几乎全都比大型狗扁平，有些还经过选择性育种而形成了极端扁平的脸型，这种脸型的侧脸几乎跟人类一样。葛林芬犬、巴哥犬和京巴犬就属于这类别。其中有些犬种还拥有人类新生儿常见的又大又凸的双眼，而且由于体型娇小，声音全都比较大型品种的音调更高。

综上所述，小型的狗品种（此处所列仅为代表）会对其饲主发射出强力的婴幼儿信号。这些信号会自动触发饲主天生的母性，让饲主对这些特殊宠物更加钟爱、保护和依恋。我们对这样的关系毫无批判之意。不过有些专家对于人们如此狂热地宠爱另一个物种的成员表示不悦，他们认为，人类的母性关爱只该对人类婴儿付出，不应该"浪费"在其他对象上。说来奇怪，抱持这种观点的人本身往往不是很称职的父母。搞不好就是他们的罪恶感让他们觉得这么做并不妥。对小型犬慷慨付出关爱的人，通常也是对自己幼儿付出同样关爱的好父母，他们在付出积极正面的父爱、母爱的同时，还希望在宠物身上发挥余热。在所有例子中，人类饲主与小型犬之间的关系很可能会让彼此都获得满足。

有些小型品种已经变身为陪伴犬，但其他品种则基于不同原因而获得比例小巧的体型。例如梗犬，其英文名称顾名思义是"挖泥土的狗"①，原本培育出来的目的是为了挖出地底的有害动物。娇小身躯是达到此目的的基本要求，而且据说最理想的梗犬应该是"带着满腔怒火进入地底"的狗。锲而不舍又吃苦耐劳的梗犬被培育出来后却被当成展示犬和宠物，它们小巧的体型在其他要求不高的领域里获得了巨大的优势。

---

① 梗犬，其字源为terra与-ier，意即"挖泥土者"。

笨笨和Visa photo by POCO ID：门可罗雀

你的狗狗是大型犬还是小型犬？
晒出它最"伟岸"或最"灵巧"的一张照片吧。

36

为什么有些品种的狗腿那么短？

造成狗腿短的原因有两个：第一是人们对短腿狗的特殊需求，人们需要把它们送到洞穴里去追捕地底猎物。此类型的典型例子是腊肠狗，其英文名称是Dachshund，字面上的意思就是"猎獾犬"，此品种是在德国培育出来的，目的是将獾赶回自己洞穴，并在洞穴中加以袭击。各式各样梗犬也是通过选择性育种的遗传控制将腿缩短，其目的也是为了完成类似的挖地道任务。

至于其他品种，比如来自东方的京巴犬，缩短腿长是为了扮演小孩的替代品，因此它们不仅体型变小了，腿也缩短了，这让它们的外形就像可方便携带的婴儿，虽然笨拙，却很吸引人。它们无法优雅地在地上弹跳，但一定可以跟在严肃专注、蹒跚学步的小孩身边一起摇摇摆摆，陪着他完成从A点走到B点的神秘任务。

由于短腿玩赏犬不太需要健壮的体格，因此任何短腿品种都有成为宠物狗的独特吸引力，即使是原本被培育来挖洞穴的狗也一样。基于这个原因，许多梗犬品种在工作角色的领域外大受欢迎，比如腊肠狗。虽然在快速奔跑与追捕方面有基因上的限制，却依然保留着与所有大型犬一样的战斗精神和对生命的热情。它们就算身躯变矮了，也依然拥有饱满的活力与坚忍不拔的精神。正因为结合了大狗的个性与矮小短腿的生理限制，这些品种才具有如此与众不同又勇敢无畏的魅力。

聪明 photo by POCO ID: 巴鸟

你更喜欢短腿还是长腿狗？

37

为什么有那么多品种的狗耳朵是下垂的？

对野生犬而言，垂耳只出现在非常年轻的狗身上。因此对家犬来说，垂耳代表了它们长不大的特征，而且这种特征会保留到成年生活中。这只是狗再一次证实自己的确是"长不大"的狼。但是许多家犬还是具有像狼一般直立的耳朵，由此可见，下垂的耳朵显然不是豢养过程中不可避免的特征。既然如此，为什么有那么多狗品种都保留了垂耳，而且还有加长之势？

这个问题应该有三个答案。首先，拥有垂耳的后果是方向性的声音侦测会减弱。立耳的狗在聆听远处声音时，会扭动并翻转其硕大的立耳，使其精确地朝向微小的窸窣声或低沉持续的声音。虽然垂耳狗的听力还是十分优异，但它们精确指向微弱声音的侦测力绝不会有立耳的狗那么好。据称这个弱点是在各种猎犬品种身上故意培育出来的，因为它们应该纯粹靠视觉或嗅觉工作，远处无关的声音恐怕会使它们分心。所有品种中，耳朵垂得最厉害的肯定要属气味追踪专家寻血猎犬。

垂耳的第二个作用是让狗看起来更温顺。大多数人都知道，愤怒的狗耳朵会立起来，极度笔直，居下位的狗则会将耳朵压平在头上，象征其社会地位较低。就算人们并未自觉地分析狗耳位置的差异，但还是会有模糊的感觉，觉得垂耳狗的敌意比立耳狗来得少。

最后则是拟人化的优势。人类并没有突出超过头顶的立耳，而且有许多人留了长发垂披在头两侧。这表示狗的硕大垂耳表面上看起来就像人类垂挂的头发。像阿富汗猎犬（Afghan Hound）那样拥有柔滑毛发的品种，其独特的狗毛又长又软，看起来更像人，因而让饲主深爱不已。

哈宝 photo by POCO ID：抹茶

垂耳对狗狗来说有什么好处和坏处？

为什么有些品种的狗尾巴是截断的？

尽管各种抗议声浪日益高涨，许多育狗者至今仍坚持截断纯种幼犬的尾巴。这种奇怪做法是从何处开始的？为什么有人觉得这种异常残害是可取的？

首先，"去尾处理"（docking）究竟是什么？那是将狗尾巴整个或部分截除的外科手术，通常在幼犬4天大时用锐利的剪刀截除。手术者会紧紧握住要切除位置的尾巴皮肤，然后向幼犬身体方向用力拉，如此一来，等切除手术完成后，就会有多余的皮肤可以盖住残余尾巴的尖端。这样可以减少出血并加速愈合。施术者会将母狗带离手术地点，让她听不见自己幼犬的惨叫。尾巴切断后，幼犬会被送回狗妈妈身边，多数情况下，母狗会舔舐幼犬的尾巴残肢，然后安坐下来继续喂奶。极少情况下，幼犬会休克死亡或失血过多死亡，大多数幼犬会存活下来，很快又会忙着吸奶了。

虽然有许多团体组织抗议，包括持续推动立法禁止去尾处理的"英国防止虐待动物学会"、认为去尾处理是不正当致残行为的"英国皇家兽医学院医学会"（Council of the Royal College of Veterinary Surgeons）、现已严禁对狗进行非治疗手术的"欧洲理事会"（Council of Europe），以及支持欧洲理事会立场的英国政府，但据估计，英国一年仍有50,000只幼犬遭到去尾。从大型的英国古代牧羊犬（Old English Sheepdog）到体型娇小的约克夏犬，波及的品种超过40个。

育犬者对于他们延续此"野蛮惯例"（早在1802年就有去尾说法）提出了理由：

许多品种狗的"狗展标准"都要求截断尾巴，否则他们的幼犬永远无缘登上冠军的宝座。"英国畜犬协会"（Kennel Club）在要求改变此状态的压力下正式公开宣布，去尾处理应以自愿方式为之，而且不论传统狗展标准为何，任何竞赛皆不应以狗拥有完整尾巴而判处犯规。因此，诉诸流行、美观和品种标准外观的理由再也找不到正式支持，就算是狗展相关单位也不支持，这让顽固不化地赞成去尾的游说团体顿失依靠。绝望之余，他们便寻求其他支持断尾狗的论点。在一场公开辩论中有两位育犬者提出一个看法。他们说，万一狗打架，去尾处理可预防狗尾巴受伤。这个论证就像说你切除某人的脚是为了让他不被踢到大脚趾一样可笑。

还有人提出另一个严肃的观点，认为工作犬在树丛中移动时可能会扯伤自己的尾巴。一位兽医说这种辩解是"无知胡扯"，但姑且不论这个精辟评论是否正确，上述说法其实由来已久。过去，狗比现在更需要为自己赚钱糊口，人们普遍认为如果尾巴只留下短短的残肢真的对工作犬有利。梗犬是被去尾处理最多的族群，据说当它们投入有害动物防治员的工作时，截尾可避免"尾巴惨遭鼠咬"这类恐怖事情发生。这又是一个没有根据的空想，却有许多年的时间无人质疑。

由于工作犬一度可以免交针对运动犬征收的税金，因此有些不幸的狗只为了避税而遭到去尾。回到盛行截尾的过去，许多乡村都有专属的"去尾员"，他们用嘴咬断幼犬的尾巴，借此收取微薄费用。

我们很难理解最初怎么有人产生截断狗尾巴这个想法。许多与此主题的相关著作都指出，其真正源起"已遗失在古代迷雾中"。幸运的是，事实并非如此。寻找世上最古老狗书的学者发现，最古老的狗书是一位活跃于公元一世纪中期的罗马农学家柯卢米拉（Columella）所撰写。他指出，应该将40天大的幼犬尾巴咬断并将尾巴肌腱拉出来，以免它们染上狂犬病。这个离奇的预防措施是基于狂犬病乃起因于狗体内寄生虫的误解。如果将狗尾巴咬掉并拔除，尾巴肌肉的肌腱会露出来，看起来就像一簇微微发亮的白虫一样。就是这看似不祥的肌腱导致后来好几世纪数百万只幼犬失去了尾巴。随着时光流逝，新的去尾理由取而代之，但到了这阶段，切除尾巴的习俗早已根深蒂固，成为公认的幼犬处理措施了。正如许多传统一样，这顽固的陋习远比其原始目的存在更久。

去尾处理的弊病昭然若揭，它会严重损及犬类很重要的尾巴信号系统，此系统对于狗的社交关系至关重要。此外，这种处理相当残酷，因此人们锲而不舍地立法禁止古罗马旧时代苟延残喘至今的迷信，也就不足为奇了。

为什么狗特别讨厌某些陌生人？

狗对进入饲主家的陌生人几乎一律抱持猜疑的态度，而且会以吠叫和嗅闻来招待。有些访客有本事可以让狗快速冷静，有些访客则做不到，甚至可能惨遭狗咬。这两种访客有什么不同？

大部分的原因在于访客的身体动作。有些人的动作自然平稳，一举一动轻柔流畅。有些人则天生紧张，动作笨拙，很容易做出快速又迟疑的动作，引起狗的敌意，因为这正是不怀好意或紧张兮兮的狗的举动。

如果这神经质又焦躁的人正巧也怕狗，场面会更加糟糕，因为他们会开始做出笨拙的"撤退"举动，这些动作信号会让狗自动进犯，甚至可能展开攻击。如果碰到狗吠叫时就后退，会让狗觉得自己的地位突然提高，并做出相应的反应。

相反，"与狗相处融洽"的人会以问候回应，会接近狗而不是退却，并且会用手与它们温柔接触。这些举动可以把聒噪吠叫的狗瞬间变成摇着尾巴讨好的温驯宠物，而且在打招呼仪式结束后，狗会放松下来，不再侵扰初访者。不过上述原则仅适用于正在吠叫或跳上跳下、摇着尾巴的狗。如果站在前门迎接你的狗全身僵硬静止，并发出嗥叫或龇牙低吼，紧紧盯着你，你唯有保持绝对静止，什么也别做（别向前也别后退），然后衷心期盼狗主人会来救你。这样的狗的敌意非常高，不论透露出什么信号都危险万分，百分之百静止不动是降低你对它的视觉影响的最佳方法。如果你是单独一人，而且狗的愤怒让你很焦虑，你可以发出悲戚的幼犬哀鸣或呜咽，这样或许可以引发眼前这只家园防卫者心中保护幼犬的父爱或母爱，借此舒缓紧张情势。不过这个方法不保证有效，因为你属于"外来族群"，无法获得它的信任。幸运的是，除非那只狗曾经受过攻击入侵者的特别训练，否则这种极端敌意的问候相当罕见。大多数的狗在访客到来时都只是吠叫和跳跃。只要造访者不是极端惧狗者，这种状况就很容易控制。

路虎 photo by POCO ID: 浩然蒸气

你的狗狗愿意被陌生人抚摸吗?

狗有第六感吗？

有，但大概不是人们普遍认为的那种第六感。犬类的灵敏知觉与超自然无关，全都可以通过生物学机制解释，不过我们在了解狗的灵敏知觉方面确实还属于起步阶段。

举例来说，狗可以从很远的距离穿越毫不熟悉的地域而找到回家的路。这项本领，猫和其他许多动物也都具备。它们根据的似乎是对地球磁场的细微差异和改变的察觉。根据实验，强力磁铁会削弱这项能力，由此可知，这个说法并非空中楼阁。尽管有多次客观记录，我们仍在了解狗是如何拥有如此优异的导航技能的。

狗也有能力预测地震和大雷雨。当大雷雨逼近时，狗可能会极度惊恐，呼吸开始急促，并且在屋里冲来窜去。狗甚至可能开始哀鸣、颤抖，仿佛有病痛似的。开始打雷时（有时甚至在暴风雨真正从天上降临前），狗的痛苦就会变得更加强烈。这样的灵敏知觉是对大气压力变化的反应，也可能是对静电强度改变的反应。现在看来，这些行为似乎毫无意义，但对狗的野生祖先而言，因为气候信号而变得忧心忡忡则具有重要意义。狼会花费九牛二虎之力挑选洞穴和巢窝。它们将巢穴筑在遭受水灾机会很小的斜坡上，但即使如此，一场猛烈的倾盆大雨也可能危及弱小幼兽的性命。因此家犬在即将打雷时在家里乱窜，很可能就是幼狼对水灾危机的反应。

有些饲主宣称他们的狗偶尔会"看到鬼"。他们在夏天夜晚带着宠物狗出去遛，越过田野时，狗突然停下来且定住了。它僵直地站着，盯着空无一物的地方，肩上到背部的毛开始竖起。它开始龇牙低吼并咆哮，说不定还发出哀鸣，主人试着移动它，它连一丁点都不肯让步。然后，就跟停下来时一样突然，整个状态蓦地终止，狗又继续开始走。只要你曾碰到过狗这样的举动，对于其强烈反应一定毕生难忘，而且很容易就了解为什么那些人坚持认为狗"看到鬼"了。事实是，狗可能侦测到特别强烈的气味，不是来自其他狗，而是其他动物物种的气味，例如狐狸或臭鼬。对灵敏的狗鼻子而言，其气味陌生又强烈，所以才会引起那么强烈的反应。

　　关于狗的"第六感"，研究人员提出了一个最惊人的主张，他们表示在狗的鼻子内发现了红外线传感器。这项发现可以解释某些品种的狗身上的"超自然"能力。例如，据说圣伯纳犬只要嗅一嗅积雪，就可以辨别遭雪崩掩埋的人是否还活着。如果狗鼻子内部具有灵敏的热传感器，上述说法就不再那么难以理解了。很久以前，我们就确认某些品种的蛇的口鼻部具备这种热接收器，用来侦测小型温血猎物。动物王国中真正存在着热传感器一事，强化了狗身上也具备热传感器的论点。

哈宝 photo by POCO ID: 抹茶

你的狗狗有过恐怖的"撞鬼"经历吗?

为什么传说如果狗嗥叫,就会有人死?

从远古时代起就有人迷信,狗不寻常的嗥叫是死亡和灾难即将发生的警告。人们认为狗具有超自然能力,可以预测未来,尤其在某种灾祸即将来临时。尽管如此,狗并不会因为吠叫后发生祸事而遭到非难,也不会因为与死亡相关而被视为邪恶生物。相反地,狗被视为"人类最好的朋友",拼命警告主人有危险正在逼近。

有一位专家拒绝接受超自然的解释,另外提出一套理论,认为上述情况中的狗其实感染了狂犬病。狗染上狂犬病时会嗥叫、哀鸣,并发出人们无法不去注意的奇怪声音。如果狗传染给主人,主人会死亡,于是人们就听信了一个故事,说主人在狗发出异常声音之后不久就遭遇劫难了。若考虑人们当时对传染病散播尚属无知,很容易就可以理解,为什么狗嗥叫与人类死亡之间的联结会被解释成预兆。

胖哥 photo by POCO ID: dogged dog

你还听到什么有关狗的民间传说?

为什么我们用"狗毛"治疗宿醉？

有人认为早晨浅酌有助于治疗前晚狂饮后的宿醉。造成痛苦的东西同样可以用来医治痛苦，此谬论也出现在了早期治疗狗咬伤的方法之中。18世纪《狂犬病疗法》(*The Treatment of Canine Madness*)一书的作者表示："建议在受伤部位敷上造成该伤口的狗的毛发。"当时的人当真认为这个方法有助于治愈伤口，不过，现今狂欢烂醉的人是否真的相信"咬人狗的毛"除了掩饰痛苦之外还有什么其他用处，实在令人怀疑。

43

为什么面包夹腊肠会被称为"热狗"?

有传言说"热狗"之所以叫"热狗",是因为以前真的含有狗肉,这完全不是事实。不过很久以前,这个传言的确重挫了热狗的销售。热狗是一位名叫哈利·史蒂文斯(Harry M. Stevens)的美国人发明的。19世纪末,他在纽约巨人队的球场中贩卖食物。当时热腾腾的法兰克福香肠成为风靡一时的新兴料理,但是这种食物太麻烦了,无法在球场看台上分发,于是哈利就蹦出一个创意,他将法兰克福香肠放在热面包卷中,让小贩们沿着过道贩卖,这个做法立即大获成功。一开始时这种料理称为"红热"(red-hot),因为新鲜烹煮的腊肠和热腾腾的面包卷之故,而且哈利还慷慨地抹上了热芥末酱。但到了1903年,著名体育漫画家泰德(T. A. Dorgan)画了一幅画,把面包卷里的法兰克福香肠画成腊肠狗,暗喻两者都长且红,而且都来自德国。"热狗"这名称就是他发明的,而且很快就流行起来。不幸的是,当有人质疑那是否表示香肠生产过程真的掺入了狗肉,此名称就造成了反效果,热狗销售迅速惨跌。严重到连当地商会都发出正式声明,禁止在所有广告上使用"热狗"这个名称。然而好名字是无法被禁用的,最后它又不知不觉地回到了一般用语行列。热狗如今已成为全球家喻户晓的名称了。

乌米 photo by POCO ID：门可罗雀

为什么大热天会称被为"狗日子"?

"狗日子"(dog-days)的范围涵盖了夏季最热的7月3日到8月11日,这段时期的气候酷热且空气沉闷。最热的天气与狗有什么关联,人们往往百思不解。这并不令人意外,因为其间的关系很隐晦。事情要从罗马时代说起,当时人们相信"天狼星"(Sirius,Dogstar)在这段时期将热力添加到太阳的热度上,造成了异常的高温。他们把一年中这段时间称为dies caniculares,意即"狗日子"。虽然说天狼星提高了太阳在夏天的热度纯属胡说八道,但罗马人至少真的猜对了温度。如今我们知道,天狼星温度为10,0000℃,约为太阳温度的两倍。

由于人们不明白"狗日子"这个名词的古代起源,后来就误以为它指的是一年当中的这段时间,暑热强到让狗发疯,造成狗疯狂地东奔西窜。有些狗的确深受酷热之苦,但它们与该名词之间的关系纯粹是后来的添油加醋。

狗狗纪念簿

在这里,记下狗狗的成长足迹吧!

狗狗1周岁留念

狗狗2周岁留念

狗狗5周岁留念

狗狗10周岁留念

狗狗奇特的睡姿

狗狗玩游戏的身影

狗狗奔跑的英姿

狗狗的家

它最喜欢的一套衣服

它跟最好朋友的合影

你们的全家福

一个狗狗饲主的自白

你决定养一只狗狗的原因是……

狗狗做过最让你感动的一件事……

有了狗狗之后,你的生活发生了怎样的改变?

狗狗对你来说是怎样的存在?

Molly和皮皮 photo by POCO ID：门可罗雀

致狗狗的一封信

如果可以,你想对它说……

鸣　谢

感谢以下狗狗主人的热心供图和汪星人的倾情演出

文前	周健家的milk
P2	Ping家的臭口
P7	张玉梅家的维也娜
P11	许骁家的snow
P14	kenmax家的muscle
P18	@门可罗雀家的笨笨
P23	尚可家的勒勒
P27	妞爸妞妈家的妞妞
P30	鱼婆家的小丢
P33	无骨海妖家的Larry
P36	妞爸妞妈家的妞妞
P39	鱼婆家的小丢
P43	@门可罗雀家的笨笨和Visa
P46	海菲菲家的奇奇
P48	鱼婆家的小丢
P52	尚可家的勒勒
P55	妞爸妞妈家的妞妞
P57	Gary Chan家的coffe小狗
P59	许骁家的snow
P62	肖顺明家的贝尔
P65	moon家的乖虎

P68　　@门可罗雀家的笨笨和Visa

P71　　@门可罗雀家的Luckie和Louie

P76　　me浩然正气家的路虎

P80　　me浩然正气家的路虎

P83　　彭淑仪家的DUDU

P94　　me浩然正气家的路虎

P96　　@门可罗雀家的宝宝

P99　　汪淼家的小宝

P102　　妞爸妞妈家的妞妞

P107　　@门可罗雀家的笨笨和Visa

P109　　巴乌家的聪明

P112　　抹茶家的哈宝

P118　　me浩然正气家的路虎

P121　　抹茶家的哈宝

P123　　dogged dog家的胖哥

P126　　@门可罗雀家的乌米

P132　　鱼婆家的小丢

P134　　@门可罗雀家的molly和皮皮

P136　　me浩然蒸气家的路虎

感谢以下网站为我们提供征集图片的平台

 poco摄影网　　www.poco.cn

豆　瓣

特别鸣谢狗狗明星@后会无期马达加斯加和摄影师房凯应邀为我们提供爱犬的萌照！

出版后记

狗狗是人类最亲密的朋友，它陪你玩乐，陪你散步，永远是你身边最温柔忠实的陪伴。纵然狗狗与我们的生活如此贴近，却没有多少人真正地了解这个每次在你回家时都雀跃上前迎接的美好生物。这本由英国动物行为学家编写的《狗狗学问大》，正是你开始了解爱犬的最佳途径。

狗狗为什么喜欢吠叫，为什么摇尾巴，为什么讨厌陌生人，为什么对气味如此着迷……一般的宠物书籍往往是在教你怎样驯狗，却忽略了这些有关狗狗最基本的问题。良好的沟通往往从了解开始，在本书中，动物学家德斯蒙德·莫里斯从数十年细致入微的观察经验出发，为你悉心解答这些最让人类好奇的狗狗谜题，让你有机会进一步了解这个总是依偎在你脚边的温驯宠物。

此次本书的出版得到了多位热心网友的大力支持，他们为我们提供了多张高清的狗狗照片作为插图，让书中讲解的内容更为生动地传达给读者。在此向他们致以诚挚的谢意。

此外，这位热爱观察的动物行为学家还出版了另一本《猫咪学问大》，此书也由我们在 2014 年 1 月引进出版，为困惑的猫饲主解答难测的猫咪心事。

服务热线：133-6631-2326　188-1142-1266
服务信箱：reader@hinabook.com

后浪出版公司
2014 年 11 月

图书在版编目（CIP）数据

狗狗学问大 /（英）莫里斯著；黄建仁译. — 北京：北京联合出版公司，2015.2（2016.11 重印）
ISBN 978-7-5502-1671-6

Ⅰ.①狗… Ⅱ.①莫…②黄… Ⅲ.①犬—普及读物 Ⅳ.①S829.2-49
中国版本图书馆 CIP 数据核字（2014）第 282101 号

DOGWATCHING by DESMOND MORRIS
Copyright © 1986 by Desmond Morris
This edition arranged with THE RANDOM HOUSE GROUP LTD
Through Big Apple Agency, Inc., Labuan, Malaysia.
Simplified Chinese edition copyright:
2014 POST WAVE PUBLISHING CONSULTING (Beijing) Ltd.
All rights reserved.
Simplefied Chinese edition published by Post Wave Publishing Consulting（Beijing）Co.，Ltd.
本书中文简体版权归属于后浪出版咨询（北京）有限责任公司。

狗狗学问大

作　　者：[英] 德斯蒙德·莫里斯
译　　者：黄建仁
选题策划：后浪出版公司
出版统筹：吴兴元
特约编辑：王　頔
责任编辑：李　婷　徐秀琴
封面设计：7拾3号工作室
营销推广：ONEBOOK
装帧制造：墨白空间

北京联合出版公司出版
（北京市西城区德外大街83号楼9层　100088）
北京盛通印刷股份有限公司印刷　新华书店经销
字数200千字　720毫米×1030毫米　1/16　10印张
2015年2月第1版　2016年11月第2次印刷
ISBN 978-7-5502-1671-6
定价：39.80元

后浪出版咨询（北京）有限责任公司常年法律顾问：北京大成律师事务所　周天晖　copyright@hinabook.com
未经许可，不得以任何方式复制或抄袭本书部分或全部内容
版权所有，侵权必究
本书若有质量问题，请与本公司图书销售中心联系调换。电话：010-64010019

《猫咪学问大：
人类最想问的80个喵什么》

著　者：（英）德斯蒙德·莫里斯
译　者：黄建仁
书　号：978-7-5502-2211-3
出版时间：2014.1
定　价：39.80元

诺贝尔文学奖得主多丽丝·莱辛最推崇的御猫术
著名演员赵文瑄、果壳网CEO姬十三、鹦鹉史航联合推荐
《裸猿》三部曲作者德斯蒙德·莫里斯倾力打造 权威动物学家的独门养猫秘籍
爱猫、养猫的人必读的TOP1猫学百科
风行全球30年，百万爱猫人士口碑推荐
养猫新手不容错过的猫咪心事终极大揭秘
知名动物学家权威解说＋资深猫奴言传身教＋80只美喵高清萌照
前所未有 萌度爆表！
走进猫咪的神奇国度，分享猫咪的喜怒哀乐，让你的喵星人庆幸有你相伴

内容简介

　　猫咪，这星球上神秘又优雅的生物。猫为什么会发出呼噜呼噜的声音？猫为什么喜欢磨蹭人的脚？猫为什么要吃草？还有，猫竟然是瘾君子！猫借着声音、眼神、尾巴和耳朵动作在传递什么讯息？猫为什么要理毛？猫咪真的是不爱交际的独行侠？如何防止爱猫破坏家具？猫咪如何争地盘、打架？猫咪到底有没有超能力？

　　内容前所未有、独一无二，猫咪真正喵的学问大！世界知名动物行为学家戴斯蒙德·莫里斯将解答八十个我们人类最想要问的"喵什么"。从一九八六年初版以来，广获世界各地爱猫人口碑推荐，长销二十五年，要养猫、爱猫、了解猫就非读不可。佐以精美的照片解说，帮助你更了解你的爱猫，人猫相处更加喵的亲密。

《猫语大辞典》

著　　者：金泉忠明
译　　者：小岩井
出版时间：2015.2
估　　价：39.80元

即学即用猫语速成术，猫咪心思完全掌握
127项情绪解说全收录，从头到尾完全了解猫咪的想法

◎〔四脚朝天仰躺〕
　　四脚朝天仰躺，露出肚子。这是邀你同玩的姿势。

◎〔呼噜呼噜〕
　　喉咙发出咕噜声时，表示现在很满足或安心。情绪不佳时，也会用喉咙叫。

◎〔威吓〕
　　抬起腰部，让对方觉得自己很巨大。有「不准靠近！」的意思。

◎〔摸摸我嘛！〕
　　对于像母亲般爱慕的对象，会竖起尾巴，告诉对方我想向你撒撒娇。

　　猫咪每天都在用「猫语」和我们说话，只是我们都不了解猫咪到底要说什么？

内容简介

　　猫咪每天都以"猫语"跟我们交谈，用动作、表情、偶然展现的姿势表达它们的心情。只要懂得这些讯息代表的意义，就可以清楚接收猫咪所传达的讯息，建立比往日更亲密愉快的沟通关系。

作者简介

　　今泉忠明，哺乳类动物学家。猫博物馆馆长。日本动物科学研究所所长。监修作品有《仓鼠如何饲养并与它快乐地一起生活》、《105款狗狗完全图鉴》（晨星出版）等。